Die berühmtesten deutschen Lastwagen von 1896 bis heute

Büssing 8000 K Kipper

Bernd Regenberg

Die berühmtesten deutschen Lastwagen

von 1896 bis heute

Inhaltsverzeichnis

Verlag Podszun-Motorbücher
Bahnhofstraße 9,
D-5790 Brilon
Herstellung:
Druckhaus Cramer, Greven
ISBN 3-923448-89-9

Werbeanzeige von 1922 für den 38 PS-Lastwagen mit Kardanantrieb

Adler

Adler Fahrradwerke
vorm. Heinrich Kleyer AG, Frankfurt (1902-06)
Adlerwerke vorm. Heinrich Kleyer AG, Frankfurt (1906-39)

Im Jahre 1899 stellten die erfolgreichen Fahrrad- und Schreibmaschinenwerke von Heinrich Kleyer, die ihre Produkte unter dem Markennamen Adler verkauften, ihr erstes motorisiertes Fahrzeug vor, ein Dreirad mit einem französischen De Dion Einzylinder-Motor. Auf der Frankfurter Automobilausstellung im Jahre 1900 überraschte man die Öffentlichkeit mit dem ersten Motorwagen, einem Zweisitzer mit im Bug eingebauter Einzylinder-Maschine. Diese trieb über eine Kardanwelle die Hinterachse an.

Bereits 1901 wagte sich Adler auch auf den Nutzfahrzeugsektor mit einem Löschfahrzeug mit Benzinmotor, das jedoch von den noch skeptischen Feuerwehrleuten nicht angenommen wurde. Man verfolgte daher bei Adler dieses Projekt nicht weiter, ließ sich aber in der einmal eingeschlagenen Richtung nicht beirren und nahm 1902 einen ersten Lastwagen mit 4,5 PS-Motor ins Programm. Während die ersten Nutzfahrzeuge noch auf den Motorwagen aus demselben Hause basierten, waren sie ab 1910 eigenständige Konstruktionen mit Nutzlasten zwischen 1 und 3 Tonnen. Für militärische Zwecke stellte Adler ab 1912 die subventionierten Armee-Lastzüge mit 2,5 – 4 t Nutzlast und Motorleistungen zwischen 18 und 40 PS zur Verfügung. 1913 wurde der Kettenantrieb bei den Lastwagen zugunsten einer Kardan-Übertragung aufgegeben.

In den zwanziger Jahren spezialisierte man sich bei Adler auf die leichteren Nutzlastklassen. Diese Kleinlaster waren im Rahmen einer ab 1931 geltenden Vertriebsvereinbarung eine willkommene Ergänzung zum schweren Programm des Kooperationspartners Büssing-NAG. Nach Ende des Zweiten Weltkrieges dachte man zwar intensiv über eine Fortsetzung des Automobilbaus nach, entschied sich aber für eine Beschränkung auf den Zweirad- und Büromaschinen-Sektor.

Benz

Benz & Co. Rheinische Gasmotorenfabrik, Mannheim (1894-99)
Benz & Cie. Rheinische Gasmotorenfabrik AG, Mannheim (1899-1911)
Benz & Cie. Rheinische Automobil- und Motorenfabrik AG, Mannheim (1911-26)

Am 25. November 1844 wurde Carl Benz in Karlsruhe geboren. Sein Name ist untrennbar verbunden mit der Geschichte des Automobils. Er schuf das erste gebrauchsfähige Benzinautomobil der Welt, einen dreirädrigen Patent-Motorwagen. Erst als ein zuverlässiger Lenkmechanismus zur Verfügung stand, ging Benz zu vierrädrigen Fahrzeugen über. Aus einem 5 PS-Landauer entwickelte er 1895

Benz 7 PS von 1901

einen Motoromnibus für die erste motorisierte Buslinie Deutschlands. Sie führte über 15 bergige Kilometer von Siegen über Netphen nach Deuz. Häufige Defekte führten jedoch schon nach 9 Monaten zu einer Einstellung des Verkehrs. Im Bereich Nutzfahrzeuge beschränkte sich Benz zunächst auf Ableitungen von Personenwagen und stellte leichte Geschäfts- und Lieferwagen her.

Benz-Gaggenau von 1922

Benz-Gaggenau von 1921 mit Faßaufbau von Weygand & Klein, Feuerbach

Ende 1900 führte Benz den ersten regulären Lastwagen vor, einen 2,5 Tonner mit 10 PS-Motor. Das Programm wurde ergänzt durch einen 1,25 Tonner mit 6 PS und einen 5 Tonner mit 14 PS.
1910 kaufte Benz die Süddeutsche Automobil-Fabrik in Gaggenau, die ihre Lastwagen unter den Markennamen S.A.F., S.A.G. und Gaggenau verkauft hatte. Fortan wurde die Nutzfahrzeugproduktion im Werk Gaggenau konzentriert.
Ein Meilenstein für die weitere Entwicklung war die Vorstellung des ersten „Rohölmotors" in einem Benz-Lastwagen auf der Amsterdamer Automobil-Ausstellung 1924. Der Vorkammer-Diesel war von dem Motorenspezialisten Prosper L'Orange entwickelt und bereits intensiv in Benz-Sendling Ackerschleppern getestet worden. In der vorgestellten Form ging der Rohölmotor jedoch nicht in Serie, denn auch der Partner Daimler, mit dem man seit 1924 in einer Interessengemeinschaft lebte, hatte ein Diesel-Konzept zu bieten, allerdings mit Druckluft-Einspritzung. So stritt man noch eine Weile im eigenen Hause,

Benz 2 CN mit Bierwagen-Aufbau von Rose, Dortmund (ca. 1926)

bis sich das Vorkammer-Konzept durchsetzen konnte. 1926 beschlossen die Aufsichtsräte beider Unternehmen, Daimler und Benz zu einer Gesellschaft zusammenzuführen. So entstand die Daimler-Benz AG, die fortan unter dem Markennamen Mercedes-Benz ein vereinheitlichtes Typenprogramm an Nutzfahrzeugen aller Art verkaufte (siehe Mercedes).

Benz 3 Tonner mit Kardanantrieb von ca. 1923

Borgward

Bremer Kühlerfabrik Borgward & Co, Bremen (1924-27)
Carl F. W. Borgward Automobil- und Motoren-Werke, Bremen (1938-49)
Carl F. W. Borgward GmbH, Bremen (1949-61)
Carl F. W. Borgward AG, Bremen (1961)

Borgward L 2000 S (1937-39)

Carl F. W. Borgward, der Besitzer der Bremer Kühlerfabrik Borgward & Co, erkannte schon früh den Wert eines motorisierten Transportmittels für den Verkehr innerhalb des Betriebsgeländes. So machte er sich an die Entwicklung eines einfachen und billigen Motorkarrens, den er auch an andere Unternehmer zu verkaufen gedachte. Das Ergebnis präsentierte Borgward 1924 in Form eines dreirädrigen Fahrzeugs mit vorn liegender

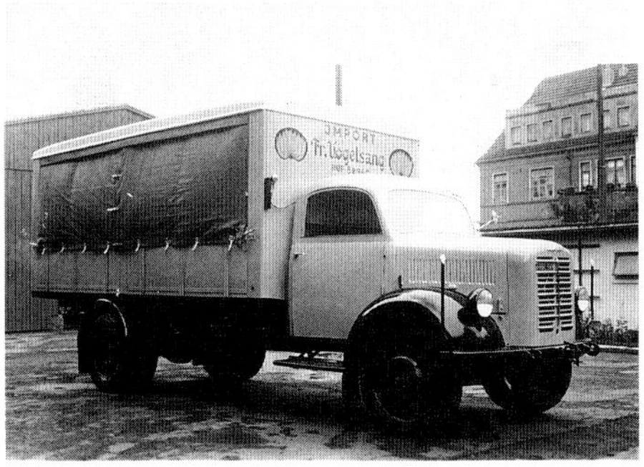

Borgward B 3000 mit Aufbau von Thiele, Bremen

Ladefläche für 250 kg Tragfähigkeit. Der 2,2 PS-Einzylinder-Motor von DKW (ab 1925 Ilo-Motor) trieb über einen Keilriemen das linke Hinterrad an. Der „Blitzkarren" wurde zum Anlassen angeschoben, sodann mußte sich der Fahrer schnellstmöglich auf den am Heck angebrachten Fahrradsattel schwingen. Der Erfolg des Blitzkarrens veranlaßte Borgward, einen neuen Vorderlader zu entwickeln. Der „Rapid" erhielt den Markennamen Goliath, unter dem von nun an die Borgward-Produkte verkauft wurden. Die kleinen Transporter waren genau die richtigen Fahrzeuge für die durch die Weltwirtschaftskrise gebeutelten Unternehmen. Während andere Automobilfabriken die Tore schließen mußten, florierte das Geschäft der Goliath-Werke Borgward & Co. 1931 übernahm Goliath selbst die traditionsreiche Nachbar-Firma Hansa-Lloyd AG (siehe Hansa-Lloyd). Ein vielfältiges Programm von Personenwagen und Nutzfahrzeugen verließ in den dreißiger Jahre die Werke des Borgward-Imperiums, doch erst 1937 zierte auch der Name Borgward und der typische Rhombus die Front der Lastwagen. Unter diesem Markennamen gab es 1 Tonner, 1,5 Tonner und 3 Tonner Haubenwagen. Zusätzlich nahm man die Produktion von Panzerwagen und Halbketten-Zugmaschinen für die Wehrmacht auf. Aufgrund

Borgward B 1000 mit Kofferaufbau von Schölch, Kassel

Borgward B 3000 mit Möbelwagen-Aufbau von Brandt, Extertal in Stabholzausführung

Borgward B 1500 mit Leichtmetallaufbau von Ackermann

Schon im Juli 1945 fing man in den zu 75% zerstörten Werksanlagen wieder an, aus Restteilen und aus illegal gefertigten Neuteilen Lastwagen zu montieren. Bald konnten auch „offiziell" hergestellte 3 Tonner des Kriegstyps B 3000 S die Werkstore verlassen. Auch das Design der folgenden Lastwagentypen in den Nutzlastklassen zwischen 1 und 4,5 Tonnen entsprach im Prinzip den Vorkriegsmodellen, mit schmaler Eckhaube und freistehenden Kotflügeln. Anklänge an amerikanisches Stilempfinden zeigte erst der 1954 präsentierte B 1500 mit Alligator-Haube und modischem Frontgrill.

Borgward B 4500/B 555
(1953-61)

Motor
Borgward Typ D 6 M 5
(ab 1957: M 5 II)
6 Zylinder-Diesel
wassergekühlt
95 PS bei 2400 U/min.
(110 bei 2800 U/min.)
Hubraum 4962 ccm (4997 ccm)
Bohrung 90 mm (94 mm)
Hub 130 mm (120 mm)

Kraftübertragung
Einscheiben-Trockenkupplung
5 Gang-Getriebe

Fahrgestell
Fußbremse: Vierrad-Öldruck mit Druckluftvorspann
Handbremse: Getriebebremse
Motorbremse auf Wunsch
Scheibenräder
Bereifung: 8.25-20 eHD

oben: Borgward B 1250 (Modell 1952)

Arve LF 8 Löschfahrzeug auf Borgward B 2500 Allrad

unten: Borgward B 2000 mit Getränke-Aufbau von Thiele, Bremen

dieser „Verdienste" wurde Carl F. W. Borgward zum Wehrwirtschaftsführer ernannt. Diese Auszeichnung führte dazu, daß Borgward nach Kriegsende von der Besatzungsmacht sofort interniert wurde und seine Werksanlagen erst im Juli 1948 erstmals wieder betreten durfte.

Borgward B 4500 Sattelschlepper mit Auflieger von Ackermann

Teha Dreiseiten-Kippmulde auf Borgward B 4500 Allrad

Ab 1939 lieferte Borgward seine Lastwagen auf Wunsch auch mit dem sparsameren Dieselmotor. Diese Tradition der Antriebswahl zwischen Benziner und Selbstzünder wird auch in der Nachkriegszeit fortgesetzt.
Nach anfänglichen Versuchen mit Frontlenker-Fahrgestellen, die man Aufbaufirmen zur Karossierung liefert, zeigt Borgward auf der IAA 1957 einen schmucken Leichtlastwagen in Frontlenker-Bauart. Besonders gelungen ist der funktional, aber dennoch elegant gezeichnete Kastenwagen. Der B 1500 F (später B 611) wird wahl-

Borgward B 2500 A/O als Bergungsschnelltruppwagen des Zivilschutzes mit 3 t-Seilwinde und 400 l-Wassertank

Maße
Radstand: 4200 mm
(Kipper 3800 mm/ Sat. 3400 mm)
Spurweite vorn: 1620 mm
Spurweite hinten: 1620 mm
Länge: 6920 mm
(Kipper 6070 mm/ Sat. 5100 mm)
Breite: 2400 mm
Höhe: 2225 mm

Gewichte
Zul. Gesamtgewicht: 8,5 - 9,3 t
Nutzlast: 4,7 - 5,7 t

Fahrleistungen
Höchstgeschwindigkeit: 75 km/h
Kraftstoffverbrauch: 14 l/100 km

weise von dem aus der Isabella bekannten 60 PS-Benzinmotor angetrieben oder durch einen 42 PS leistenden Vierzylinder-Diesel. Die Einzelradaufhängung der Vorderräder bringt personenwagen-ähnlichen Fahrkomfort. Weitere Frontlenker in höheren Nutzlastbereichen folgen, bis hin zum 1959 präsentierten 5,5 Tonner B 655.

Möbelwagen von Brandt, Extertal auf Borgward 4,5 t Frontlenker-Fahrgestell

Ruthmann Hubsteiger auf Borgward B 1500 F Kastenwagen

Der Lastwagenbau bei Borgward blüht und gedeiht. Eine neuerworbene Anlage in Osterholz-Scharmbeck bei Bremen nimmt 1957 die Produktion auf und konzentriert ab 1959 die gesamte Lkw-Fertigung von Borgward. Montagestätten in Indonesien, Argentinien, Südafrika und auf den Philippinen fertigen Borgward-Lastwagen. Doch zum Ende der fünfziger Jahre rächt sich die wenig kaufmännisch orientierte Modellpolitik im Borgward-Konzern mit den drei unabhängig voneinander operierenden Firmen Goliath, Lloyd und Borgward, jedes Unternehmen mit einer eigenständigen, vielseitigen Fahrzeug-Palette. Carl F.W. Borgward wird am 4.2.1961 gezwungen, das von ihm gegründete Werk entschädigungslos an das Land Bremen abzutreten. Am 11. September 1961 wird das Konkursverfahren eröffnet.

Kofferaufbau von Freudenau, Bielefeld, auf Borgward B 622

Bei der Neuausstattung der Bundeswehr kann sich Borgward einen Großauftrag für allradgetriebene 0,75 t-Kübelwagen und 1,5 t-Lastwagen sichern. Beide Fahrzeuge werden mit Sechszylinder-Benzinmotoren ausgerüstet.

Borgward B 655 mit Langeisen-Auflieger von Buschbaum, Hannover

Büssing 5 Tonner von ca. 1912

Büssing

Heinrich Büssing Spezialfabrik für Motorlastwagen und Motor-Omnibusse, Braunschweig (1903-20)
Büssing Automobilwerke K.G., Braunschweig (1920-22)
Automobilwerke H. Büssing AG, Braunschweig (1922-31)
Büssing-NAG Vereinigte Nutzkraftwagen AG, Braunschweig (1931-43)
Büssing-NAG Vereinigte Nutzkraftwagen GmbH, Braunschweig (1943-50)
Büssing Nutzkraftwagen GmbH, Braunschweig (1950-60)
Büssing Automobilwerke AG, Braunschweig (1960-71)

Heinrich Büssing, geboren 1843 in der Nähe der niedersächsischen Stadt Fallersleben, hat bereits in jungen Jahren seine technische Kreativität unter Beweis gestellt. Er bastelte sich ein Tretrad, nahm damit an einem der ersten deutschen Radrennen in Hannover teil und gewann. Durch diesen Erfolg bestärkt, zog er 1869 in Braunschweig eine kleine Produktion dieser „Velozipede" auf, hölzerner, durch Tretkurbeln bewegter Hochräder, die Büssing als Einsitzer verkaufte, aber auch zu zwei- oder dreisitzigen Einheiten zusammenbaute. Nach Abschluß seines Studiums gründete Heinrich Büssing zusammen mit dem Kaufmann Jüdel die „Eisenbahn-Signal-Bauanstalt Max Jüdel & Co" in Braunschweig. Als er mit 60 Jahren in den Aufsichtsrat dieses Unternehmens wechselte, besann er sich wieder seiner alten Liebe zum Fahrzeugbau und bastelte im Gebäude einer ehemaligen Wäscherei, das er sich gemietet hatte, einen Lastwagen.

Der erste Büssing-Wagen, Baujahr 1902, besaß einen Zweizylinder-Otto-Motor mit Abreißzündung, hängenden Ventilen und vorn liegender Nockenwelle. Die bei 850 Umdrehungen

Büssing Kipper mit Kettenantrieb von ca. 1910

Büssing Sechs-Räder-Wagen mit Riesen-Luftreifen 1923

erreichten 9 PS wurden über eine Kette auf die Hinterräder übertragen. Zur Herstellung der Lastwagen gründete Heinrich Büssing zusammen mit seinen Söhnen Ernst und Max die Firma „H. Büssing, Spezialfabrik für Motorlastwagen und Motor-Omnibusse". Bald folgten weiterentwickelte Nutzfahrzeuge aus der Braunschweiger Büssing-Fabrik. So auch ein Omnibus mit Vierzylinder-Motor. Mit diesem eröffnete Heinrich Büssing am 3. Juli 1904 die erste Kraftpostlinie der Welt, die er in Zusammenarbeit mit der Kaiserlichen Post zwischen Braunschweig und Wendeburg betrieb. Die Erfolge ließen nicht lange auf sich warten. Der entscheidendste Erfolg für das junge Unternehmen war der Gewinn eines Wettbewerbes für die Lieferung von Kraftomnibussen an die Londoner Verkehrsgesellschaften. In scharfer Konkurrenz zu anderen europäischen Herstellern konnte sich Büssing 1904 den Löwenanteil der Aufträge – insgesamt wurden es 400 Bestellungen – sichern. Die solide gefertigten Doppeldecker mit offener Dachterrasse bewährten sich so gut, daß sich die britische Omnibusindustrie bei ihren Neuentwicklungen an den Braunschweiger Modellen orientierte.

Auch andere Großstädte richteten ihr Augenmerk auf die Busse aus Braunschweig. So wurde 1906 der erste Kraftomnibus an die Allgemeine Berliner Omnibus-AG (ABOAG) geliefert, eine Geschäfts-Verbindung, die bis zum Ende der Firma Büssing halten sollte. Auf eigene Rechnung be-

Büssing-NAG Diesel-Schlepper LD 4 mit 55 PS von 1934 aus dem Werk Elbing

trieb Büssing 1905 eine Omnibus-Linie Harzburg – Radau-Wasserfall. Auf dieser Strecke durch die Bergstrecken des Harzes konnten die Fahrzeuge zeigen, was in ihnen steckte oder was noch zu verbessern war. So mißbrauchte Büssing nicht – wie damals bei den meisten Herstellern noch üblich – die zahlenden Kunden als Versuchskaninchen für noch nicht voll ausgereifte Konstruktionen. Auch die erste Kraftverkehrsgesellschaft der Welt, die 1908 von Büssing ins Leben gerufene „Transportgesellschaft zur Beförderung von Waren und Gütern mittels Lastautomobilen" mit Sitz in Berlin, ermöglichte direkte Erfahrungen mit den Lastwagen im harten Alltagseinsatz.

Aufgrund ihrer robusten Bauweise wurden die Büssing-Wagen in der Zeit vor dem Ersten Weltkrieg in vielen europäischen Ländern von den Re-

Büssing-NAG Typ 50 von 1931 bei einer belgischen Brauerei

Büssing Typ V G mit zurückgebauter Vorderachse als Tankfahrzeug einer Zirkus-Feuerwehr (Aufbau: Schörling, Hannover)

gierungen durch Zuschüsse an die Bezieher stark subventioniert, da man zunehmend des militärischen Wertes von Motorfahrzeugen bewußt wurde. Dies betraf vor allem die 5 Tonner- und 11 Tonner-Ausführungen. Zudem erteilte die Heeresverwaltung Aufträge für eine ganze Reihe von Spezialfahrzeugen, u. a. Armeelastzüge, benzin-elektrische Schwertransporter und Seilwindenwagen. So konnte Büssing innerhalb eines Jahrzehnts die Belegschaftsstärke bis 1913 von 50 auf 600 erhöhen. Dennoch reichten die Kapazitäten nicht aus. Man vergab daher Lizenzen an die Waggonfabrik Rathgeber AG und die österreichische Firma A. Fross. Fortan wurden Büssing-Lastwagen auch in Mosbach bei München und in Wien gefertigt. 1914 erhielt die Firma Ganz & Co in Budapest eine Produktionslizenz für Ungarn.

Die Konjunktur des Ersten Weltkrieges, in dem auch Büssing größere Zahlen von Nutzfahrzeugen für militärische Zwecke lieferte, u.a. einen 1914 präsentierten Allrad-Lastwagen, setzte sich auch nach dem Friedensschluß in einem wachsenden Bedarf für motorisierte Transportmittel fort. Das Braunschweiger Werk wurde entsprechend der zunehmenden Anforderungen auf moderne Fertigungsverfahren um- und ausgebaut. Das bislang kaum überschaubare, aufwendige Produktionsprogramm von etwa 300 verschiedenen Lastwagen- und Omnibusmodellen wurde gestrafft und durch in Großserie gefertigte Standardtypen ersetzt. 1926 erhielt der Betrieb das erste Fließband. Das Schwesterwerk H. Büssing & Sohn, das ursprünglich für den Bau von Eisenbahnanlagen diente, übernahm die Produktion von Rahmen und Aufbauten für Lastwagen.

Die technische Entwicklung bei Büssing war zwischen den beiden Weltkriegen gekennzeichnet durch den Übergang vom Ketten- zum Kardan-

Büssing V G im Nachkriegseinsatz als Turmwagen der Stadtwerke Bielefeld

Büssing-NAG Typ 502 (später 650) mit 145 PS-Diesel von etwa 1935 (Aufbau: Schmitz, Altenberge)

antrieb, den Ersatz des Benzinmotors durch den wirtschaftlicheren Diesel (das erste Patent für einen Büssing Vorkammer-Diesel wurde am 28. April 1932 angemeldet) und durch die Einführung des „Sechsradwagens“, eines mit Riesen-Luftreifen ausgestatteten Dreiachsers mit vier angetriebenen Hinterrädern, der zur Sensation der Berliner Automobil-Ausstellung 1924 geriet. Im folgenden Jahr wurde die Dreiachs-Technik auch für Omnibusse der Reichspost und verschiedener städtischer Betriebe übernommen. Die Berliner ABOAG bestellte allein 100 Büssing Sechsrad-Omnibusse mit geschlossenem Oberdeck.

Büssing Typ VI GL (Typ 80) 6000-Liter-Tankwagen von ca. 1929

Als Heinrich Büssing 1929 starb, hinterließ er eine der größten Lastwagenfabriken des Kontinents. 1927 hatte die Braunschweiger Firma die Nutzfahrzeugaktivitäten der Mannesmann-MULAG in Aachen übernommen. 1931 gab die renommierte Schiffswerft Komnick im ostpreußischen Elbing den Lastwagenbau auf, und Büssing übernahm die Werksanlagen und die Konstruktion eines Straßenschleppers, der mit Büssing-Motor noch einige Jahre weitergebaut wurde. Elbing wurde fortan das Karosseriewerk im Büssing-Konzern.

Die Wirtschaftskrise zu Anfang der dreißiger Jahre ging auch an der deutschen Nutzfahrzeugindustrie nicht spurlos vorüber. So bildete Büssing 1931 mit dem konkurrierenden Hersteller NAG (Nationale Automobil-Gesellschaft) in Berlin-Oberschöneweide, einer Tochtergesellschaft der AEG, zunächst eine Absatz-, dann eine Fertigungsgemeinschaft. Die NAG brachte ihre Werke Oberschöneweide und die ehemalige Dux-Fabrik in Leipzig in die „Büssing-NAG Vereinigte Nutzkraftwagen Aktiengesellschaft“ ein. Auch mit den Adler-Werken ging man 1931 eine Verkaufsgemeinschaft für 1,5 – 2 Tonner-Lastwagen ein.

Büssing-NAG Typ 150 mit 45 PS-Diesel LD 3 von ca. 1934

Da nach Kriegsende der gesamte Grundbesitz der NAG in der Ostzone lag und dort enteignet war, beschloß die AEG, sich auf den Bereich Elektrotechnik zu konzentrieren, und stieg Ende 1949 aus der Fertigungsgemeinschaft aus. Entsprechend änderte sich der Markenname auf den Fahrzeugfronten von Büssing-NAG auf Büssing.

Restaurierter Büssing VG mit 55 PS von 1923

Zwischen 1935 und 1939 bot die Gemeinschaft Büssing-NAG ein weites Spektrum von Lastwagen und Omnibussen, vom kleinen 1,5 Tonner bis zum dreiachsigen 9 Tonner. 1933 erschien der erste Büssing „Trambus“, ein Frontlenker mit neben dem Fahrer stehendem Motor, der wie bei einer Tram – einer Straßenbahn – die gesamte Fahrzeuggrundfläche als Raum für Passagiere nutzte. Weitere Nutzraumverbesserungen brachte der Unterflur-Einbau der Antriebsmaschine. Bereits 1929 stellte Büssing zusammen mit der Hannoverschen Waggonfabrik einen Bus vor, bei dem der Sechszylinder-Motor unter einer Sitzbank stehend eingebaut war. 1935 brachte Büssing den ersten Unterflur-Diesel heraus und zeigte ihn zur Berliner IAMA 1936 in dem dreiachsigen 900 TU Bus-Fahrgestell, doch die politischen Ereignisse unterbrachen die zukunftsweisenden Entwicklungsarbeiten, so daß serienreife Unterflur-Konstruktionen erst nach Ende des Zweiten Weltkrieges präsentiert werden konnten.

Im Rahmen der kriegsbedingten Aufrüstung wies die nationalsozialistische Regierung durch den sog. „Schell-Plan“ allen Fabriken Schwerpunkttypen zu. Büssing wurde durch diesen Plan auf einen 4,5 Tonner-Lastwagen in Hinterrad- und Allradantriebs-Ausführungen beschränkt. Daneben lief der stark vereinfachte Trambus vom

Büssing-NAG Eilschlepper ES mit 85 PS Vierzylinder-Diesel

Büssing-NAG Typ 802/Typ 900 Zehntonner mit 145 PS-Diesel von ca. 1936

Büssing-NAG Burglöwe 25 von ca. 1935

Band sowie Halbketten-Zugmaschinen mit 100 PS starken Maybach Benzinmotoren.
Nach Schluß des Krieges stand Büssing vor einem absoluten Neubeginn. Die Werke im Ostteil Deutschland waren verloren, die Werkshallen in Braunschweig bestanden zum größten Teil aus Trümmerflächen. Die Belegschaft war zur Wehrmacht eingezogen und in den letzten Kriegstagen durch etwa 2000 „Fremdarbeiter“ ersetzt worden. Und dennoch ging es weiter. Schon am 18. April 1945 erteilte die britische Militärregierung eine Fertigungslizenz für die dringend benötigten Lastwagen. Am 2. Mai – also noch vor dem offiziellen Ende der Feindlichkeiten – gingen 300 Mann wieder an die Arbeit, in Hallen ohne Dächern, teilweise unter freiem Himmel. Täglich tauchten neue Schwierigkeiten auf. Es mangelte an Rohstoffen, an Blechen, Reifen und Zulieferteilen. Kohle, Strom und Wasser waren rare Güter. Es fehlte Baumaterial für den Wiederaufbau der zerstörten Hallen und es fehlte Verpflegung für die hart arbeitende Belegschaft. Fast zwei Jahre dauerte diese Mangelsituation, und doch konnten bis Ende 1945 schon wieder 1069 4,5 Tonner und Trambusse das Werk verlassen. 1946 wurden 1682 Lastwagen und Busse fertiggestellt. Einen Rückschlag brachte der harte Winter 1946/47. Mangel an Kohle, Strom und Rohstoffen zwangen zu einer dreimonatigen Stillegung des Betriebes. Bis Ende 1948 konnte jedoch die monatliche Fertigung wieder auf 180 Fahrzeuge gesteigert werden. Als man am 12. September 1950 die Ablieferung des 10000. Nachkriegswagens feierte, waren die Wiederaufbauarbeiten im Braunschweiger Werk praktisch abgeschlossen.
Aus dem spartanischen 4,5 Tonner Standard-Lastwagen der Kriegstage entwickelt Büssing für die Friedensproduktion den Fünftonner-Typ 5000 S mit stehendem Sechszylinder-Reihendiesel. Der aufgrund seiner Mo-

oben und unten: Büssing-NAG Typ 650 mit 145 PS-Sechszylinder-Diesel

Büssing-NAG Typ 900 mit Müllwagen-Aufbau von P. Bauer, Köln

Büssing-NAG 5000 S
(1945-50)

Motor
Büssing Typ LD
6 Zylinder-Diesel
wassergekühlt
105 PS bei 1800 U/min.
Hubraum 7412 ccm
Bohrung 110 mm
Hub 130 mm

Kraftübertragung
Zweischeiben-Trockenkupplung
5 Gang-Getriebe

Fahrgestell
Fußbremse: Vierrad-Druckluft-Öldruck
Handbremse: Getriebebremse
Scheibenräder
Bereifung: 10.00-20

Maße
Radstand: 4800 mm
Spurweite vorn: 1920 mm
Spurweite hinten: 1720 mm
Länge: 8165 mm
Breite: 2350 mm
Höhe: 2580 mm
Gewichte
Zul. Gesamtgewicht: 10,6 t
Fahrgestellgewicht: 4,1 t
Nutzlast: 5,35 t
Fahrleistungen
Höchstgeschwindigkeit: 66 km/h
Kraftstoffverbrauch: 22 l/100 km
Preise (1949)
Pritsche: 23.508 DM
Kipper: 26.763 DM

Büssing-NAG 5000 S aus der Nachkriegsproduktion

Büssing-NAG 4,5 Tonner Typ 500 von 1941 mit 70 PS-Otto-Motor und Holzgasanlage

torleistung „105er" genannte Haubenwagen wird als Pritschenwagen oder als Kipper geliefert. Für viele Jahre Büssing-typisch ist die Funktionsweise der Handbremse. Sie wirkt über eine mit Kühlrippen versehene Bremstrommel, die unmittelbar hinter dem Getriebe in die Kraftübertragung eingeschaltet ist. 1950 wird der 105er ersetzt durch den äußerlich weitgehend gleich aussehenden 120 PS-Typ 5500 S, den es auch in einer Allradversion gibt. 1952 wird die Nutzlast auf 6 t erhöht, und die Typbezeichnung ändert sich dementsprechend in 6000

105er Büssing-NAG in der vereinfachten Nachkriegs-Ausführung

Büssing 6000 S Allrad

oben: Büssing-NAG 7000 S

unten: Büssing 8000 S Allrad beim Autobahnbauamt Nürnberg

bzw. ab 1954 6000 S. 1953 wird die Baureihe erweitert durch den 150 PS starken 6,5 Tonner 6500, der ein Jahr später durch den 7500 abgelöst wird. Bei diesen Modellen sind die vorderen Kotflügel nicht mehr frei stehend angeordnet, sondern werden waagerecht an die Haube herangeführt.

Büssing 7500 S
(1954-55)

Motor
Büssing Typ S 10
6 Zylinder-Diesel
wassergekühlt
150 PS bei 2000 U/min.
Hubraum 9842 ccm
Bohrung 118 mm
Hub 150 mm

Kraftübertragung
Zweischeiben-Trockenkupplung
5 Gang-Getriebe
(ab 1955: 6-Gang)

Fahrgestell
Fußbremse:
Vierrad-Druckluft-Öldruck
Handbremse: Getriebebremse
Motorbremse
Scheibenräder
Bereifung: 11.00-20 eHD verst.

Maße
Radstand: 5350 mm/ 5600 mm
(Kipper 4800 mm/ Sat. 4000 mm)
Spurweite vorn: 1925 mm
Spurweite hinten: 1733 mm
Länge: 8825 mm/ 9325 mm
(Kipper 7800 mm/ Sat. 6280 mm)
Breite: 2400 mm
Höhe: 2850 mm

Gewichte
Zul. Gesamtgewicht: 14 t
(ab 1955: 14,5 t)
Fahrgestellgewicht: 4,8 - 4,95 t
Nutzlast: 7,2 - 8,25 t

Fahrleistungen
Höchstgeschwindigkeit: 66 km/h
(ab 1955: 72 km/h)
Kraftstoffverbrauch: 21 l/100 km

Preise (1955)
Pritsche: 37.550 DM

Auf der Hannover-Messe 1949 stellt Büssing als Weiterentwicklung des Vorkriegstyps 650 den neuen 7 Tonner 7000 S vor. Unter einer massigen Haube steckt der bewährte 150 PS-Diesel GD 6. Nach Nutzlastanhebung

Büssing 7500 S mit Aufbau und Anhänger von Schmitz, Altenberge

Büssing 8000 S 13 mit 180 PS (Aufbau und Anhänger: Schmitz)

Büssing 8000 S

Büssing 8000
(1950-57)

Motor
Büssing Typ GD 6 (ab 1952: S 13)
6 Zylinder-Diesel
wassergekühlt
150 PS bei 1500 U/min.
(ab 1952: 180 PS bei 1600 U/min.)
Hubraum 13539 ccm
Bohrung 130 mm
Hub 170 mm

Kraftübertragung
Zweischeiben-Trockenkupplung
5 Gang-Getriebe

Fahrgestell
Fußbremse:
Vierrad-Druckluft-Öldruck
Handbremse: Getriebebremse
Trilexräder
Bereifung: 12.00-20 eHD

Maße
Radstand: 5300 mm; S 13: 5340 mm
(Kipper 4900 mm/ Sat. 4000 mm)
Spurweite vorn: 1998 mm
Spurweite hinten: 1815 mm
Länge: 8990 mm; S 13: 9060 mm
(Kipper 8345 mm/ Sat. 6630 mm)
Breite: 2500 mm
Höhe: 2700 mm

Gewichte
Zul. Gesamtgewicht: 16 t
Nutzlast: 8,0 - 8,3 t

Fahrleistungen
Höchstgeschwindigkeit: 61 km/h (66 km/h)
Kraftstoffverbrauch: 26 l/100 km

Preise (1951)
8000 Pritsche: 43.140 DM
8000 K Kipper: 43.215 DM

kommt 1950 der 8000 S mit breiterem Fahrerhaus, dem 1952 der 180 PS leistende S 13-Motor spendiert wird. Äußerlich kann man die stärkere Version an der weiter hervorragenden Lenkgetriebeverkleidung vor dem linken Kotflügel erkennen. Auch die Zahl der Kühlschlitze an der Haubenseite verringerte sich von sechs auf nur noch fünf.
Eine weitere Sensation auf dem Büssing-Stand der Exportmesse Hannover 1949 ist der erste serienreife Unterflur-Omnibus mit einem in Fahrzeugmitte liegenden Sechszylinder-Diesel. Es dauert jedoch noch bis 1951, bis man diese Bauweise auch auf den Lastwagen-Bau überträgt. Der erste Unterflur-Lastwagen von Büssing ist der dreiachsige 12000 U. Die sechs liegenden Zylinder bringen bei 1600 Umdrehungen volle 180 PS. 12 Tonnen Nutzlast kann der Dreiachser bewältigen und bietet durch die weit vorn liegende Kabine eine Ladelänge von 6,50 Metern. Das serienmäßige Fünfgang-Getriebe bekommt durch ein über Druckluft betätigtes Verteilergetriebe mit Berggang-Untersetzung zehn Schaltstufen. Die einfach bereiften Hinterräder halten mithilfe einer Waagebalkenfederung stets ausreichenden Fahrbahnkontakt und stets gleichmäßige Lastverteilung.
Als zweiachsiger Unterflur-Lastwagen erscheint 1952 der 8000 U mit derselben Maschine wie der Dreiachser. Die Stückzahlen bleiben jedoch gering, so daß 1954 als neues Modell der 7500 U kommt. Der 150 PS-Diesel ist leichter und so kann der 7,5 Tonner 3 Tonnen mehr tragen als er selbst wiegt. Tester sprechen daher vom „Lastwagen der Zukunft“.
Zur IAA 1955 präsentiert Büssing ein komplett neues Lastwagen-Programm, bei dem im Baukastensystem die verschiedensten Kombinationen gleicher Komponenten möglich sind. Basis sind jeweils Sechszylinder-Diesel, deren Zylinder wahlweise liegend als Unterflur-Maschinen oder stehend in herkömmlicher Reihenbauart angeordnet sind. Diese Motoren stehen entweder mit 7 Litern Hubraum (S 7 bzw. U 7) oder mit 11 Litern (S 11 oder U 11) zur Wahl. Die Haubenlastwagen heißen dementsprechend LS 7 oder LS 11. Neben den Unterflur-Fahrzeugen LU 7 und LU 11 gibt es noch die Frontlenker mit im Fahrerhaus stehenden S-Motoren als LS 7 F oder LS 11 F. Die letzteren werden vor allem für Kipper und Sattelzug-

Büssing 12000 U

Büssing 12000 U
(1951-54)

Motor
Büssing Typ U 13
6 Zylinder-Diesel Unterflur
wassergekühlt
180 PS bei 1600 U/min.
Hubraum 13539 ccm
Bohrung 130 mm
Hub 170 mm

Kraftübertragung
Zweischeiben-Trockenkupplung
5 Gang-Getriebe mit Berggang-Untersetzung

Fahrgestell
Fußbremse:
Sechsrad-Druckluft-Öldruck
Handbremse:
zwei Getriebebremsen
Trilexräder
Bereifung: 14.00-22 eHD
(rundum einfach)

Maße
Radstand: 5900 mm + 1500 mm
Spurweite vorn: 2010 mm
Spurweite hinten: 2010 mm
Länge: 11100 mm
Breite: 2500 mm
Höhe: 3050 mm

Gewichte
Zul. Gesamtgewicht: 24 t
Fahrgestellgewicht: 8,5 t
Nutzlast: 12,0 t

Fahrleistungen
Höchstgeschwindigkeit: 61 km/h

Preise (1952)
Pritsche: 64.300 DM

maschinen verwendet, da bei den kurzen Radständen keine ausreichend lange Kardanwelle mehr zwischen dem in Fahrzeugmitte installierten Unterflurmotor und der Hinterachse eingefügt werden kann. Kurzzeitig gibt es in der LU 11-Reihe auch einen Allrad-Kipper, der allerdings für ein Baustellenfahrzeug relativ lang ausfällt und zudem eine extrem aufwendige Führung des Kraftstranges mit mehrteiligen Gelenkwellen und Zwischenlagern notwendig macht.
Kurzzeitig wagt sich Büssing auch in den Markt der leichten Verteiler-Lastwagen. 1953 wird das Viertonner-Modell 4000 mit 100 PS-Unterflur-Diesel präsentiert, doch schon 1955 wird der „Kleine" ersatzlos wieder aus dem Programm gestrichen.
Gesetzliche Einschränkungen für den Straßengüterverkehr, die die Deutsche Bundesbahn begünstigen sollen, machen die schweren Boliden, für die Büssing berühmt ist, betriebswirtschaftlich unrentabel. Ebenso wie die

Büssing 4000 mit Ackermann-Aufbau

Büssing Commodore UK Kipper

anderen Nutzfahrzeughersteller sucht man in Braunschweig einen Weg zu leichteren Konstruktionen. Lange experimentiert man an der Konzeption eines neuen Fünftonners, bringt immer wieder neue, noch nicht voll ausgereifte Modelle in Kundenhand, bis 1959 endlich die eigentliche Serienproduktion der neuen Baureihe anläuft. In Anlehnung an die erfolgreichen Mittelklasse-Lastwagen der dreißiger Jahre wählen die Marketing-Strategen den Namen „Burglöwe“. Sowohl Haubenwagen als auch Unterflur-Fahrzeuge mit 110 PS-Diesel (ab 1961: 126 PS) stehen zur Wahl. Eine Nummer größer, mit 145 bzw. 150 PS starkem 7 Liter-Motor , ist der optisch ähnliche, für 14 t Gesamtgewicht ausgelegte Typ Supercargo.

Die Nachfolge der 11 Liter-Typen LS 11 und LU 11 tritt 1960 der Commodore an. Er ist gezielt konzipiert für die zu diesem Zeitpunkt zulässigen

Büssing LU 55 Burglöwe im Krefelder Milchhof

Büssing Commodore FS mit stehendem Motor (Auflieger: Schmitz, Altenberge)

Büssing Commodore SS mit Schmitz Koffer-Auflieger

Büssing Commodore U

16 t Gesamtgewicht. Die Leistung der Sechszylinder-Maschine wird kontinuierlich gesteigert, von anfangs 170 PS über 192 PS bis zu 210 PS im Jahre 1965. Die Fernverkehrsfahrzeuge der Commodore Unterflur-Reihe werden zum größten Teil mit der geräumigen Kabine aus dem Karosseriewerk von Büssing & Sohn versehen, die durch den immensen Freiraum – ohne störenden Motorkasten, ohne lästige Gerüche und Hitzeabstrahlungen und ohne Lärm von der Maschine – der Traum eines jeden „Kapitänes der Landstraße“ ist. 1965 erreicht der Commodore in der 16 t-Klasse einen Zulassungsanteil von 25%.

Am 27. April 1960 wird Büssing wieder zu einer Aktiengesellschaft. 1960 wird das ehemalige Hubertia-Karosseriewerk in Küps/Bayern gepachtet und 1961 übernimmt Büssing aus der Borgward-Konkursmasse das Lastwagen-Werk in Osterholz-Scharmbeck bei Bremen. Dort führt man auch die Produktion des Borgward Allrad-Kübelwagens für den Bundesgrenzschutz weiter. An der Nordsee, in der Hafenstadt Emden, wo durch den Rückgang des Schiffbaus qualifizierte Arbeitskräfte freigesetzt werden, errichtet Büssing 1962 ein Werk für die Produktion des Burglöwe-Lastwagens. Dessen Fertigung wird jedoch nach Inbetriebnahme der neuen Endmontage-Hallen 1964 nach Salzgitter-Watenstedt verlegt. Inzwischen ist Büs-

Büssing Commodore LS 11/18 F 3
Transportbetonmischer

Büssing Supercargo 22-150 Decklaster

sing eine 35prozentige Tochter der Salzgitter AG geworden (ab 1964: 55% Beteiligung).
Zur IAA 1963 überrascht Büssing die Öffentlichkeit mit drei Neuentwicklungen: zum einen dem Unterflur-Fahrgestell Burglöwe Universal mit Allradantrieb, zum zweiten einem Doppeldeck-Trambus in Röhrenbauweise mit Kunststoff-Oberteil. Besonders interessant ist die dritte Neuerung, das Modell eines sogenannten Decklasters, der die gesamte Grundfläche als Ladefläche nutzt. Motor, Fahrerkabine und alle Fahrwerkskomponenten verschwinden im Kellergeschoß. Auf 1,50 m Höhe erstreckt sich darüber eine durchgehende Ladefläche. 1965 wird das Modell in die Realität umgesetzt. Da das zukunftsweisende Umschlagssystem mit genormten Containern und genormten Verladestationen, zwischen denen eine ganze Flotte von Decklastern pendeln soll, immense Investitionen verlangen würde, kommt das gesamte Projekt nicht über das Prototypenstadium hinaus. Nur wenige Decklaster werden an Kunden verkauft und für Büssing bleibt nur eine kostspielige Erfahrung. Auch die übrigen revolutionierenden Neuheiten auf der Frankfurter IAA 1965 bringen zu viele neue Ideen, um bei den weitgehend konservativen deutschen Kunden erfolgreich zu sein. Auch die Vielzahl neuer Modelle zur gleichen Zeit muß auf Kosten einer intensiven Erprobung gehen. So bleibt

Büssing BS 11 LT

Büssing BS 16 S mit 240 PS-Unterflur-Maschine vor der Vorderachse

Büssing BS 20 S 2 mit zwei gelenkten Achsen (Auflieger: Schmitz, Altenberge)

auch der 9 Tonner Nahverkehrslastwagen BS 09 LT mit 110 PS-Unterflurdiesel und tief vor der Vorderachse angeordnetem Fahrerhaus ein Außenseiter im deutschen Straßenbild, obwohl er sich mit Pkw-ähnlicher Kabine und einer Einstiegshöhe von nur 35 cm für den innerstädtischen Verteilerverkehr mit vielen Entladepunkten geradezu ideal eignet. Noch seltener sind die ebenfalls zur IAA 1965 vorgestellten Modelle mit vor der Vorderachse liegendem Unterflurmotor. Allradkipper und Allrad-Sattelschlepper in dieser Bauweise verschwinden nach der Ausstellung wieder in der Versenkung. Allein die luftgefederte Sattelzugmaschine Commodore S 16-210 mit 210 PS-Unterflur-Diesel im vorderen Überhang bleibt bis 1968 in der Serienfertigung.
All diese Experimente bringen hohe Entwicklungskosten mit sich und werfen wenig Gewinn ab. Als man sich zum Ende der sechziger Jahre wieder auf herkömmliche Unterflur-Konstruktionen besinnt und weniger spektakuläre, sondern eher alltägliche Lastwagen baut, ist bereits der neue Herr im Hause. Ab 1969 übernimmt der Münchener Konkurrent MAN die Traditionsfirma Büssing. 1971 ist der Besitzwechsel perfekt. Der Markenname Büssing wird eine Weile noch für die weitergebauten Unterflur-Typen in der Bezeichnung „MAN-Büssing" weitergeführt. Allein der Burglöwe auf heutigen MAN-Lastwagen-Fronten erinnert noch an die 68jährige Geschichte der Braunschweiger Marke.

Büssing BS 22 K (Modell 1970) Abrollkipper

Daag 3 Tonner „CF 3“ mit 50 PS von 1929

DAAG

Deutsche Lastautomobilfabrik AG,
Ratingen (1910-29)

Die Firma DAAG in Ratingen bei Düsseldorf begann 1910 mit der Produktion eines Subventions-Lastwagens. Die Fertigung lief jedoch zunächst nur in geringem Umfang. Erst die Konjunktur während des Ersten Weltkrieges und danach brachten größere Stückzahlen. Das Produktionsprogramm umfaßte dabei Lastwagen zwischen 1,5 und 3,5 t Nutzlast sowie einige Omnibusmodelle. Auch im Export konnten beachtliche Erfolge notiert werden. Als Besonderheit für jene Zeit wurden auf allen Typreihen Luftreifen aufgezogen. Während der weltweiten Wirtschaftskrise stellte DAAG 1929 die Produktion in Ratingen ein, und die Werkshallen wurden von Krupp übernommen.

oben: Daag „C 4“ mit 60 PS von 1928

unten: Daag „C 3“ Turmwagen

Daimler

Daimler Motoren-Gesellschaft, Stuttgart (1896-1926)

Gottlieb Daimler war einer der Pioniere des Automobilbaus. Zehn Jahre nach der Vorstellung seines ersten Motorwagens präsentierte er 1896 seinen ersten Lastwagen. Der aus dem bekannten „Riemenwagen“ abgeleitete 1,5 Tonner wurde von einem Zweizylinder-Motor mit 4 PS Leistung angetrieben. Daimler verkaufte ihn nach England an die British Motor Syndicate Ltd. 1898 lieferte Daimler den ersten 10 PS-Omnibus für die Linie zwischen Künzelsau und Bad Mergentheim.

Ein Jahr später eröffnete man in Österreich einen Lastwagen- Produktionsbetrieb, die Österreichische Daimler-Motoren KG Bierenz, Fischer & Co.

Nachbildung des ersten Daimler-Lastwagens von 1896

1902 beschloß der Aufsichtsrat der Daimler Motoren-Gesellschaft ein Zusammengehen mit der Motorfahrzeug- und Motorenfabrik Berlin (MMB), einer Gesellschaft, die von ehemaligen Daimler-Direktoren gegründet worden war und nach Daimler-Patenten produzierte. Das neu hinzugekommene Werk Berlin-Marienfelde wurde fortan zum Zentrum der Nutzfahrzeugproduktion.

Daimler 5 t von 1904 mit Eisenreifen und Bremsklotz am Hinterrad

Daimler 10 Tonner Subventions-Lastzug mit 45 PS von 1910

Daimler (Marienfelde) 3 Tonner mit 28 PS von 1905

Ebenso wie Benz entwickelte Daimler einen Lastwagen-Diesel. Jedoch konzentrierte man sich im Gegensatz zum späteren Partner auf ein Verfahren, bei dem die Zylinder mittels Druckluft gefüllt wurden. 1924 begann die Kooperation mit Benz und 1926 war die endgültige Verschmelzung der beiden ehemaligen Konkurrenten vollzogen. Die gemeinsamen Produkte aus den Werken Untertürkheim, Mannheim, Gaggenau und Berlin-Marienfelde liefen nunmehr unter dem neuen Namen Mercedes-Benz.

Dürkopp

Bielefelder Maschinenfabrik vorm.
Dürkopp & Co. AG, Bielefeld (1901-13)
Dürkopp-Werke AG, Bielefeld (1913-29)

Nicolaus Dürkopp gründete 1867 eine Firma zur Herstellung von Nähmaschinen, die 1885 die Produktionspalette auf Fahrräder ausdehnte. 1899 kam ein Vierzylinder-Personenwagen hinzu. Der erste Lastwagen aus dem Hause Dürkopp entstand 1901, ausgerüstet mit einem 8 PS starken Zweizylinder-Motor. Bahnbrechend im Nutzfahrzeugbau war der Kardanantrieb für schwere Dürkopp-Lastwagen, der den üblichen Kettenantrieb voll ersetzte.
Da die Nachfrage im Bielefelder Werk nicht mehr abgedeckt werden konnte,

Dürkopp L 3 von etwa 1928

übernahm Dürkopp 1908 das Oryx-Automobilwerk in Berlin und verlagerte die Lastwagen-Fertigung dorthin. Nach dem Ersten Weltkrieg vereinheitlichte man das Nutzfahrzeug-Typenprogramm, rationalisierte die Verwendung gleicher Baugruppen und ging im Berliner Werk zum Fließbandverfahren über.

Dürkopp 4/5 Tonner mit Kettenantrieb etwa 1920

Econom 45 PS-Sattelschlepper mit Haller Müllwagen-Auflieger

1927 stellte man bei Dürkopp die Personenwagen-Fertigung ein und 1929 lief der letzte Dürkopp-Lastwagen vom Band. Dem Fahrzeugbau blieben die Bielefelder jedoch noch bis in die sechziger Jahre mit motorisierten Zweirädern, mit Motorrädern, Mopeds und Motorrollern treu.

Econom

Econom-Werk Hellmuth Butenuth, Berlin (1950-55)

Der Berliner Ford-Händler Butenuth hatte sich bereits einen Namen gemacht durch die Umrüstung serienmäßiger Ford-Lastwagen auf Dampfantrieb. Nach einigen Kommunalfahrzeugen präsentierte er 1950 seinen ersten eigenständigen Lastwagen unter der Markenbezeichnung Econom. Butenuth ging bei seiner Neukonstruktion von der Erkenntnis aus, daß vor allem in Großstädten wie Berlin es im Verteilerverkehr kaum auf erreichbare Höchstgeschwindigkeiten ankäme, sondern mehr auf einen möglichst sparsamen Kraftstoffverbrauch. So rüstete er seine 5 Tonner mit minimal motorisierten Antriebseinheiten aus, zunächst mit einem Zweizylinder-Diesel von MWM mit gerade 25 PS. Auch die später angebotenen „stärkeren" Deutz-Diesel begnügten sich mit 30 bzw. 45 PS. Einen Lastwagen mit zwei gelenkten Vorderachsen hatte Butenuth ab 1953 im Lieferprogramm. Dieser fand, ausgestattet mit einem 65 PS-Kämper-Diesel, Verwendung für den sog. Kohlen-Kuli mit trichterförmigem Laderaum, der auf ein darunterliegendes Transportband entlud. Dieses konnte durch eine Bandverlängerung die unverpackte Hausbrandkohle über Gartenzäune hinweg direkt in die Keller fördern.

Econom mit zwei gelenkten Vorderachsen und Aurepa Kohlen-Kuli (Lizenz Dressel)

Ehrhardt Lastzug mit Kettenantrieb von 1914

Ehrhardt

Heinrich Ehrhardt AG, Düsseldorf/Zella-St. Blasii (1906-22)

Der Rüstungsfabrikant Heinrich Ehrhardt produzierte ab 1904 in den Werken Düsseldorf und im Thüringischen Zella-St. Blasii grundsolide und gediegene Automobile. Ebenso robust fielen die Lastwagen aus, die ab 1906 hinzukamen. Hauptkunde für diesen Produktbereich wurde das Kaiserliche Heer. Nach Ende des Ersten Weltkrieges gelang die Umstellung auf zivile Fertigung nur sehr schwer, so daß Ehrhardt 1921 die Düsseldorfer Produktion einstellen mußte. Eine Fusion mit der Berliner Karosseriefabrik Szawe & Wechselmann sicherte zwar noch ein kurzzeitiges Weiterleben, doch 1924 ging die Firma endgültig in den Konkurs.

FAUN von etwa 1923 (vorn mit Luftreifen und hinten mit Vollgummi!)

FAUN

Fahrzeugfabriken Ansbach und Nürnberg, Nürnberg (1918-20)
FAUN-Werke AG, Nürnberg (1920-26)
FAUN-Werke GmbH Kommunalfahrzeuge und Lastkraftwagen, Nürnberg (1926-37)
FAUN-Werke Kommunalfahrzeuge und Lastkraftwagen Karl Schmidt, Nürnberg (1937-45)
FAUN-Werke Nürnberg Kommunalfahrzeuge Lastwagen Karl Schmidt, Lauf (1945-63)
FAUN-Werke KG, Lauf (1963-67)
FAUN-Werke GmbH u. Co. KG, Lauf (1967-76)
FAUN-Werke KG, Lauf (1976-84)
FAUN-Werke AG, Lauf (1984-85)
FAUN AG, Lauf (1985-90)
Tadano FAUN GmbH, Lauf (ab 1990)

Im Handelsregister Ansbach wurde am 8. 2. 1918 der Firmenname „Fahrzeugfabriken Ansbach und Nürnberg" eingetragen. Die Anfangsbuchstaben ergaben das einprägsame Kürzel FAUN. Das neue Unternehmen entstand aus dem Zusammenschluß der traditionsreichen „Nürnberger Feuerlöschgeräte- und Maschinenfabrik vorm. Justus Christian Braun", die unter dem Firmennamen Braun seit 1898 dampf- und benzingetriebene Feuerwehrfahrzeuge herstellte und 1913 von Karl Schmidt übernommen wurde, und der 1906 gegründeten Fahrzeugfabrik Ansbach. Gemeinsam produzierte man Personenwagen und verschiedene Lastwagenmodelle. Neben reinen Benzinern gab es auch Fahrzeuge mit elektrischem oder benzin-elektrischem Antrieb.

FAUN Tankwagen von 1930

1926 schied Karl Schmidt mit seinem in die Ehe eingebrachten Nürnberger Werk wieder aus und gründete eine selbständige Gesellschaft, die FAUN-Werke GmbH, die sich auf die Produktion von Kommunalfahrzeugen und Lastkraftwagen spezialisierte. Auch Omnibusse standen im Produktionsprogramm. Die Pkw-Fertigung wurde nur noch bis 1928 weitergeführt. Schon früh machte man sich bei FAUN daran, spezielle, funktionsbezogene Fahrzeuge für alle möglichen kommunalen Einsatzbereiche zu konstruieren. So entwickelte man zum Ende der zwanziger Jahre den zukunftsweisenden Rolltrommelmüllwagen, bei dem der gesamte Aufbau nach oben hin gekippt wurde und so die hinten eingeschütteten Müllmengen nach vorn rutschten und sich gleichzeitig durch ihr Eigengewicht verdichteten. Zunächst waren diese nur innerstädtisch eingesetzten Kommunalfahrzeuge in der Regel noch benzin-elektrisch angetrieben, d.h. mit elektrizitätserzeugendem Benzinmotor und Elektromotoren in den Radnaben. Erst in den dreißiger Jahren erfolgte der Übergang zu reinen Vergasermotoren und – wiederum mit zeitlicher Verzögerung zum normalen Lastwagenbau – zu Dieselmaschinen in den fünfziger Jahren. Zur Kostenreduzierung führ-

FAUN 6 1/2 Tonner ca. 1938

FAUN L 900 mit 170 PS von 1938

Blumhardt Thermoswagen auf FAUN L 600 mit 170 PS

FAUN L 7 Z Kipper von 1950

te man bei FAUN auch bei Kommunalfahrzeugen ein Baugruppensystem mit standardisierten Fahrgestellen und gleichartigen Aufbauteilen ein.
Nach der politischen Wende im Jahre 1933 erkannte man in Nürnberg sehr schnell die Zeichen der Zeit und verlegte sich auf den Bau immer schwererer Lastwagen-und Zugmaschinentypen, die dann später auch für kriegerische Zwecke verwendet werden konnten. 1938 baute FAUN den ersten deutschen Vierachser mit zwei gelenkten Vorderachsen, den Frontlenker L 1500 D mit 200 PS-Maschine im rückwärtigen Teil des Fahrerhauses.
1943 wurde das Nürnberger Werk durch einen Bombenangriff vollständig zerstört. In einem notdürftig hergerichteten Betrieb in Nürnberg-Doos konnten gerade noch drei bis vier Zugmaschinen pro Monat hergestellt werden. An diesem Standort begann auch die Nachkriegsproduktion, zunächst Umbauten von ehemaligen Wehrmachts-Zugmaschinen für zivile Einsatzzwecke, dann auch neue Müllwagen und einige Kranwagen und Zugmaschinen für die französischen Besatzungstruppen.
Bald wurden die Werksanlagen in Doos zu klein für das immer umfangreichere Produktionsprogramm. So war man glücklich, als endlich der auf einem ehemaligen Reichsbahngelän-

FAUN L 7 L mit Aufbau und Anhängern von Blumhardt, Wuppertal

de am Bahnhof Schnaittach errichtete neue Werkskomplex bezugsfertig war. Dieser Betriebsteil wurde später als Werk Neunkirchen geführt. Der offizielle Firmensitz wurde und wird heute noch mit Lauf an der Pegnitz, dem Sitz der Verwaltung, angegeben. Die Nachfrage nach FAUN-Fahrzeugen wuchs und wuchs: die Deutsche Bundesbahn bestellte Bus-Fahrgestelle, die u.a. bei Gaubschat zu den berühmten Omnibuszügen mit Faltenbalg zwischen Motorwagen und Hänger zusammengestellt wurden; die amerikanischen und britischen Truppen brauchten dreiachsige Spezialfahrzeuge und die 1955 neu aufgestellte Bundeswehr hatte einen schier unersättlichen Bedarf für schwere Transportfahrzeuge, für die FAUN das Fertigungsmonopol erhielt. FAUN entwikkelte sich mehr und mehr zum „Dior der Nutzfahrzeugbranche“, der jedem Kunden das für ihn passende Fahrzeuge nach Maß schneiderte.

Eine Weiterentwicklung der Wehrmachts-Zugmaschine ZR stellt der zur Hannover-Messe 1949 präsentierte Lastwagen-Typ L 7 dar. 1951 erscheint der Nachfolger L 8 mit stärkerem 180 PS-Motor, einem wassergekühlten Deutz-Diesel mit sechs in Reihe stehenden Zylindern. Auf demselben Fahrgestell gibt es auch eine Frontlenker-Ausführung L 8 V. Bei diesem ist der Motor auf einem Schlitten montiert und kann zu Wartungs- oder Reparaturarbeiten komplett nach vorn hin ausgefahren werden.

FAUN L 8 L mit „Schwalbennest“-Kabine

FAUN L 908 ATW 12000 l-Flugfeldtankwagen der Bundeswehr

FAUN L 8
(1951-62)

Motor
Deutz Typ F 6 M 617
6 Zylinder-Diesel
wassergekühlt
180 PS bei 1800 U/min.
Hubraum 13538 ccm
Bohrung 130 mm
Hub 170 mm

Kraftübertragung
Zweischeiben-Trockenkupplung
6 Gang-Getriebe

Fahrgestell
Fußbremse: Vierrad-Druckluft
Handbremse: Getriebebremse
(ab 1954:mechanisch)
Motorbremse auf Wunsch
Trilexräder
Bereifung: 12.00-22

Maße
Radstand: 5600 mm
(Kipper: 4750 mm/ Sat.: 4000 mm)
Spurweite vorn: 2025 mm
Spurweite hinten: 1800 mm
Länge: 9510 mm
(Kipper: 8080 mm/ Sat.: 6900 mm)
Breite: 2500 mm
Höhe: 2900 mm

Gewichte
Zul. Gesamtgewicht: 16,0 t
Nutzlast: 7,9 - 8,2 t

Fahrleistungen
Höchstgeschwindigkeit: 77 km/h

Preise (1953)
Pritsche: 49.880 DM

FAUN L 8 V mit Haller Tank-Auflieger

FAUN F 66 mit Haller Silozement-Auflieger

FAUN L 908/55 A 6x6 für die britischen Truppen in Deutschland

Während Deutz bislang nur wassergekühlte Diesel an FAUN geliefert hatte, installierte man in den 1950 erscheinenden 6,5 Tonner F 60 eine luftgekühlte Maschine mit 130 PS aus demselben Hause. Der Schnellverkehrs-Lastwagen mit dem Kosenamen „Sepp“ beeindruckte durch seine hohe Wendigkeit und durch die erfreulich niedrige Ladekantenhöhe, ein Ergebnis des niedrig bauenden Fahrwerksrahmens. Als besondere Delikatesse bot FAUN in dieser Baureihe ab 1951 auch einen Allradkipper F 60 KF. Ab 1955 wurde die luftgekühlte Modellserie erweitert durch Versionen mit Achtzylinder-Dieselmotoren in V-Form. FAUN kennzeichnete diese mit der Endziffer 8 in der Typbezeichnung F 68 im Gegensatz zum Sechszylinder F 66.

FAUN F 63 von 1955 mit Bohrturm-Aufbau der Salzgitter Maschinen AG

FAUN F 68/39 KAN

Entsprechend den neuen gesetzlichen Vorschriften über Maße und Gewichte nahm FAUN ab 1962 die überarbeitete Baureihe F 687 in Produktion. Besonders massig wirkten die Haubenfahrzeuge, bei denen die Vorderachse zugunsten besserer Manövrierfähigkeit zurückverlegt war und so

FAUN L 900/48 KA

FAUN L 1212/45 ZA mit 340 PS

FAUN F 60/12-40 KA

die rundliche Nase mit der luftgekühlten Achtzylinder-Maschine weit vorstand. Noch imposanter erschien die Haube bei den 12 Zylinder-Zugmaschinen der ab 1966 angebotenen Baureihe F 60/12.
Abgeleitet aus der Baureihe F 687 versuchte man nach Klärung der Gewichtsvorschriften 1962 eine Rückkehr in den Bereich der schweren Fernverkehrswagen mit dem Frontlenker F 687 V. Doch nur wenige Exemplare wurden gebaut. Ebenso erging es dem zur IAA 1963 vorgestellten L 10 Eurotrans mit wassergekühlter 275 PS-Maschine. Er war mit 19 t Gesamtgewicht für die Zeit nach einer europäischen Harmonisierung der Gewichtsvorschriften konzipiert, doch diese ließ noch lange auf sich warten.

FAUN F 687/47 K mit 195 PS

FAUN F 687/36 VS mit Vidal-Auflieger

FAUN L 908/54 VA 10 t gl 6 x 6 der Bundeswehr

FAUN F 610 V
(1965-71)

Motor
Deutz Typ F 10 L 814
(ab 1970: F 10 L 413 L)
10 Zylinder-Direkteinspritzer-Diesel
luftgekühlt
250 PS bei 2300 U/min.
(275 PS bei 2650 U/min.)
Hubraum 14550 ccm (14702 ccm)
Bohrung 115 mm (120 mm)
Hub 140 mm (130 mm)

Kraftübertragung
Einscheiben-Trockenkupplung
6 Gang-Getriebe

Fahrgestell
Fußbremse: Vierrad-Druckluft
Handbremse: Federspeicher
Motorbremse
Trilexräder
Bereifung: 12.00-20 PR 16

Maße
Radstand: 4500 mm (Sat.: 3600 mm)
Spurweite vorn: 2044 mm
Spurweite hinten: 1810 mm
Länge: 8250 mm (Sat.: 6110 mm)
Breite: 2500 mm
Höhe: 2930 mm

Gewichte
Zul. Gesamtgewicht: 16,0 t
Nutzlast: 8,4 t

Fahrleistungen
Höchstgeschwindigkeit: 82 km/h

Preise (1968)
Pritsche: 57.815 DM

Während in den fünfziger Jahren noch Straßenlastwagen der Typen L 8 und L 60 „Sepp" in größeren Stückzahlen vom Band laufen, verlagert sich die Hauptaktivität der FAUN-Werke immer mehr zum Bereich der Schwerlastzugmaschinen und Spezialfahrzeuge. 1965 versucht man noch einmal ein Comeback mit dem Fernlastwagen F 610 V, doch aufgrund des doch nicht ausreichenden internationalen Service-Netzes kommt dieser Typ nicht über Achtungserfolge hinaus.
Der für 16 Tonnen Gesamtgewicht ausgelegte Frontlenker verbirgt einen in V-Form konzipierten Zehnzylinder-Diesel aus dem Hause Deutz unter der kippbaren Kabine. Das fortschrittliche Design des Fahrerhauses wird ergänzt durch korrosionsbeständige Teile aus Kunststoff, u.a. Dach, Vorderfront und Armaturenbrett. Mit serienmäßiger 13 t-Hinterachse ist der F 610 V für die damals in Deutschland geltenden Verkehrsgesetze absolut überdimensioniert, kann aber im Export ohne Änderungen mit 19t gefahren werden. Eine Besonderheit ist die „selbstdenkende" Symo-Schaltung, die nach kurzer Betätigung des Vorwahlhebels am Lenkrad selbsttätig Kraftstoffzufuhr und Motorbremse regelt.

FAUN F 24 B 255

FAUN F 6103 VL

1955 übernahm FAUN das Werk Sulzbach-Rosenberg von der in Konkurs geratenen Firma Ostner, die dort seit 1950 Schnellfrachter unter dem Namen Rex herstellte. Die Konstruktion dieser 1 bis 1,5 Tonner vererbte man an FAUN, wo ein kleines Fahrzeug im Angebot fehlte. FAUN entwickelte daraus den eigenen Schnell-Lastwagen F 24, der in überarbeiteter Form als F 284 D bis 1968 im Programm blieb.
Als Büssing ihre aus der Borgward-Konkursmasse erworbene Lastwagen-Fertigungsanlage in Osterholz-Scharmbeck in der Nähe von Bremen abstoßen wollte, griff FAUN zu und verlagerte die Kommunalfahrzeug-

Magirus GTLF 18 der Feuerwehr Frankfurt auf FAUN-Fahrgestell LF 1412 mit 2 x 500 PS und Fahrerkabinen in beiden Fahrtrichtungen (Baujahr 1972)

Produktion in das norddeutsche Werk. Dieser Betrieb blieb auch in der Hand der Gründerfamilie Schmidt, als die FAUN-Werke 1986 an das zum Hoesch-Konzern gehörende Maschinenbau-Unternehmen Orenstein & Koppel verkauft wurden. Der Kommunalfahrzeug-Bereich hatte sich inzwischen die renommierten Hersteller KUKA und Streicher mitsamt ihrer Müllwagen- und Kehrmaschinen-Konstruktionen einverleibt und kann heute ein weitgespanntes Programm für alle Bereiche der Umwelttechnik anbieten.

1970 wurde die Groß-Muldenkipper-Produktion in ein neu erworbenes Werk in Butzbach bei Gießen verlagert. Eine weitere Ausweitung im Produktbereich Baufahrzeuge brachte das Jahr 1977, als FAUN sich bei Frisch in Kissingen bei Augsburg beteiligte. Diese Firma brachte ein breites Programm an Radladern, Gradern und sonstigen Spezialmaschinen mit, die fortan unter dem Namen FAUN-Frisch verkauft wurden. Das Engagement bei der amerikanischen Firma Trojan und der Plan einer eigenen FAUN-Fertigung in den USA brachte jedoch nur Sorgen und führte wohl

Kronenburg TLF 8000 (hergestellt bei Schörling, Hannover) im NATO-Einsatz auf FAUN-Fahrgestell LF 40.30 mit 2 x 320 PS

auch zu dem „Ausverkauf" der Traditionsfirma im Jahre 1986.

Trotz der unterschiedlichen Eigentumsverhältnisse ziert der traditionsreiche Firmenname FAUN immer noch sowohl die Produkte aus der Kommunal-Abteilung „FAUN-Umwelttechnik GmbH, Osterholz-Scharmbeck" als auch die Kranwagen, Zugmaschinen und Spezialfahrgestelle aus dem Werk Neunkirchen, das 1990 von O & K an den japanischen Kranhersteller Tadano weiterverkauft wurde.

FAUN HZ 50 8 x 8 Zugmaschine

FAUN HL 40.45/83 6x6 mit KHD 12 Zylinder-Diesel

Ziegler FLF 60/92-8 auf FAUN-Fahrgestell LF 30 6 x 6 mit zwei KHD 8 Zyl.-Diesel von je 360 PS, ausgestellt auf der Interschutz 1988

Ford Modell AA von 1930 (Löschfahrzeug-Aufbau von Meyer-Hagen)

Ford

Ford Motor Company AG, Berlin (1928-31)
Ford Motor Company AG, Köln (1931-39)
Ford-Werke AG, Köln (1939-61)

Ford BB (1932-37) mit 50 PS

In einer kleinen Fabrik am Berliner Westhafen begann 1926 die Montage von Personen- und Lieferwagen des berühmten Ford T-Modells. Ab 1928 folgten Leichtlastwagen der Baureihe AA mit 40 PS leistenden Vierzylinder-Benzinmotoren. Doch es waren immer noch amerikanische Teile, die hier nur zusammengebaut wurden. Bei den deutschen Kunden herrschte Skepsis gegenüber ausländischen Fabrikaten. So entschied man sich bei Ford zu einer eigenständigen deutschen Fertigung.

Ford AA mit Aufbau von WEKA, Wiedenbrück

Am 2. Oktober 1930 legte Henry Ford persönlich im Beisein des Kölner Oberbürgermeisters Konrad Adenauer den Grundstein zu einer komplett neuen Fabrik im Kölner Ortsteil Niehl. Am 4. Mai 1931 fuhr der erste in Köln zusammengebaute Lastwagen des Typs AA vom Band und trat sofort eine Werbefahrt durch alle Teile des Deutschen Reiches an. 1932 folgte das Modell BB mit 50 PS leistender 3,2 Liter-Maschine. Entsprechend der Nutzlastklasse wurde die Typbezeichnung 1942 in B 3000 geändert. Parallel zu den Vierzylinder-Modellen erschien 1935 ein Dreitonner mit V 8-Motor. Diesen gab es ab 1938 auch in einer Allrad-Ausführung. Während die Leistung des Benzinmotors anfangs mit 90 PS angegeben wurde, betrug sie ab 1941 95 PS. Das auch in großer Stückzahl an die Wehrmacht gelieferte Modell wurde als V 3000 S bezeichnet. Auf besonderen Wunsch dieses „Großabnehmers" rüstete Ford im Verlauf der Feindlichkeiten über 13000 Exemplare des V 3000 S mit Kettenlaufwerken anstelle der doppelt bereiften Hinterachse aus. Diese Halbkettenausführung lief unter dem Namen „Maultier". Alle Ford-Lastwagen der Vorkriegsproduktion waren eng verwandt mit ihren amerikanischen Geschwistern, so daß im Zweiten Weltkrieg auf beiden Seiten der Front gleichartige Ford-Fahrzeuge die kämpfende Truppe unterstützten.
Da die Kölner Ford-Werke nach dem Kriege nur unwesentliche Zerstörungen aufwiesen, konnte Ford als erste deutsche Automobilfabrik wieder eine serienmäßige Fertigung aufnehmen.

Ford BB Modell 1937

Ford V 8 (1937) mit Ellinghaus Tankaufbau

oben: Ford BB G 987 T ca. 1941 mit Meiller-Kipper und Imbert Generator

unten: Ford B 3000 mit Kipper-Aufbau von P. Bauer, Köln

Noch im Jahre 1945 verließen 2443 Dreitonner die Bänder und 1946 bereits 4969.

Auf der Basis des BB-Vierzylinders entwickelte Ober-Ing. H. Butenuth (siehe Econom) einen Dampfwagen. Einer der Zylinder erhielt einen geänderten Deckel mit eingebautem Einlaßventil. Der Dampferzeuger hinter dem Fahrerhaus benötigte 30 kg Wasser und konnte in 10-15 Minuten aufgeheizt werden. 200 kg Kohle erbrachten 4 Stunden Betriebszeit. Die Motorleistung betrug immer noch maximal 52 PS wie bei der normalen Benzinversion.

Die Ford-Lastwagen der Friedensproduktion unterschieden sich von den abgemagerten Kriegsausführungen äußerlich vor allem durch gefälligere, rundlichere Kotflügel. Aus dem Vierzylinder-Modell wurde der Typ „Ruhr". Der entsprechende V 8-Bruder hieß jetzt „Rhein". Zusätzlich gab es in der leichten Klasse einen 1,5 – 2 Tonner Schnell-Lastwagen G 38 T mit 52 PS-BB-Motor.

1951 wurden die Ford-Lastwagen erstmals einer Schönheits-Operation unterzogen. Man verpaßte ihnen ein neues, dem Zeitempfinden angepaßtes Gesicht mit breiten, waagerechten Chromleisten nach amerikanischem Stilempfinden. Dennoch fehlte Ford ein für den deutschen Markt wesentliches Element, es fehlte eine Version mit Diesel-Maschine. Um keine unnötigen Experimente einzugehen, sahen sich die Kölner in den USA um und fanden den bereits bewährten Hercules Sechszylinder-Selbstzünder. Mit der neuen Haubengestaltung erschien Ende 1951 endlich der lang erwartete Diesel-Ford als FK 3500 D. Das Kürzel FK stand dabei für „Ford Köln".

Auch die Programmerweiterung durch die neue Motorvariante konnte jedoch den langsamen, aber stetigen Abstieg der Firma Ford als Lastwagen-Hersteller nicht aufhalten. Wären nicht die gesicherten Großaufträge der Militärbehörden gewesen, der Besatzungsmächte, die immer noch Benzinmotoren bevorzugten, dann hätten sich schon bedeutend früher die ersten Probleme der Kölner Modellpolitik gezeigt. Auch für die neu aufge-

Butenuth Dampf-Lastwagen

Ford G 398 SAM-S 3 Großraum-Krankenwagen der Bundeswehr (Aufbau Miesen, Bonn)

stellte Bundeswehr lieferte Ford einen Dreitonner mit der bereits aus dem Zweiten Weltkrieg stammenden, 92 PS leistenden V 8-Vergaser-Maschine, den NATO-Typ G 398 SAM. 1955 versuchte man einen absoluten Neubeginn mit einem völlig neuen Modell-Programm. Doch diesmal war man zu revolutionär vorgegangen. Der Grazer Professor List hatte ventillose Zweitakt-Dieselmotoren mit verlustfreier Gebläse-Umkehrspülung entworfen. Diese in der Theorie bestechende Technik mit nur drei beweglichen Teilen (Kolben, Pleuelstange und Kurbelwelle) zeigte sich in der harten Alltagspraxis als nicht genügend ausgereift und zu anfällig. So gingen die Absatzzahlen für die modern gestylten Haubenwagen mit Nutzlasten zwischen 2,5 und 4,5 Tonnen immer weiter zurück. Da Ford auf der anderen Seite immense Erfolge mit den Lieferwagen der FK 1000-, später der Transit-Baureihe verbuchen konnte, verzichteten die Kölner 1961 auf eine eigenständige Lastwagen-Produktion. In den siebziger Jahren versuchte Ford einen neuen Anlauf im Lastwagen-Bereich. Es wurden leichte Verteilerfahrzeuge der A-Serie und Mittelklasse-Lastwagen der N-Serie aus Großbritannien importiert. Für den Fernverkehr verkauften ausgesuchte Ford-

Ford FK 3000 mit Teha Scheren-Hubkipper

Ford Transcontinental HA 4432 mit 320 PS Cummins-Diesel

Händler ab 1975 das „typisch amerikanische“ Komponenten-Fahrzeug Transcontinental mit Motoren von Cummins, Getriebe von Eaton-Fuller, Hinterachsen von Rockwell und einer Kabine von Berliet. Zusammengebaut wurde das Ganze im Amsterdamer Montagewerk. Auch der mit großer Publicity vorgestellte „Welt-Lastwagen“ Cargo wurde zu keinem großen Erfolg für die deutsche Ford-Gesellschaft. Es gab zu wenige Händler, die in eine aufwendige Lastwagen-Werkstatt investieren wollten, wenn nur eine einzige Modellreihe zur Verfügung stand. Als IVECO die englische Cargo-Produktion in ihr eigenes Programm übernahm und ab 1992 langsam auslaufen ließ, bedeutete dies das Ende der europäischen Ford Lastwagen-Tradition.

Ford FK 2500 Zweitakt-Diesel mit Ackermann-Auflieger

Ford FK 2500 mit 100 PS V 8-Benzinmotor

Hanomag

Hannoversche Maschinenbau AG
vorm. Georg Egestorff, Linden (1905-08, 1925-32)
Hanomag Automobil- und Schlepperbau GmbH, Hannover (1932-35)
Hannoversche Maschinenbau AG, Hannover (1935-58)
Rheinstahl-Hanomag AG, Hannover (1958-69)
Hanomag-Henschel Fahrzeugwerke GmbH, Hannover (1969-73)

Georg Egestorff gründete 1835 in dem kleinen Ort Linden bei Hannover eine „Eisen-Giesserey und Maschinenfabrik". Aus der Produktion von stationären Dampfmaschinen ergab es sich, daß man 1846 mit der ersten Lokomotive auf dem Markt erschien. Lokomotiven wurden fortan das Hauptprodukt von Egestorff und bereits 1873 wurde die tausendste ausgeliefert. 1905 wurde der erste Lastwagen mit Dampfantrieb nach System Stoltz vorgestellt. Eine Dampfmaschine übertrug ihre Kraft mittels Kette auf die Hinterräder. Gefeuert wurde mit Koks. Doch bald wurde dieser Zweig wieder aufgegeben – zugunsten der stärker gefragten Motorpflüge und vor allem zugunsten der für die Aufrüstung zum Ersten Weltkrieg dringend benötigten Lokomotiven.
Die Erfahrungen mit Panzerkonstruktionen im Ersten Weltkrieg nutzte Hanomag für die Friedenszeiten und präsentierte 1920 einen Raupenschlepper für landwirtschaftliche Zugaufgaben.
1924 überraschte Hanomag die Öffentlichkeit mit dem ersten echten Kleinwagen mit Einzylinder-Motor im Heck, dem unvergessenen „Kommißbrot" – die rundliche Form des Aufbaus gab diesen Spitznamen. Ein erster Hanomag Radschlepper mit 28 PS leistendem Vierzylinder-Petroleum-Motor erschien ebenfalls 1924. Zukunftsweisend im Traktorenbau war die Konzeption ohne separaten Rahmen; beim WD-Schlepper wurde der Motorblock als tragendes Teil genutzt. 1928 präsentierte Hanomag den ersten Dieselmotor.

Hanomag 4 Tonner Diesel von 1933

Während der Lokomotivbau 1931 aufgegeben wurde, kam 1932 ein neuer Produktbereich hinzu: der Bau von Frontlenker-Lastwagen mit Dieselmotoren. Obwohl der 3,5 – 4 Tonner-Lkw mit in Fahrzeugmitte liegend installiertem 55 PS-Unterflur-Motor und

Hanomag ST 100 Doppelkabiner von 1951

Hanomag HD 5 N von 1949

Hanomag Gigant SS 100 mit Holzgasgenerator von 1941

einer durch die Frontlenkerkabine sehr langen Ladefläche fortschrittlich konzipiert war, konnte er sich nicht durchsetzen. Die Nutzfahrzeugsparte blieb hinter der erfolgreichen Personenwagen-Fertigung weit zurück (zwischen 1924 und 1936 wurden allein 65000 Pkw produziert). So wurde bald der HL Frontlenker wieder aus dem Programm gestrichen. Auch der konventionelle 3,5 t-Haubenwagen HDS mit 65 PS-Maschine wurde zu keinem Erfolg.

Das berühmteste schwere Nutzfahrzeug aus dem Hause Hanomag war die 100 PS-Zugmaschine Gigant SS 100 (nach dem Kriege ST 100). Sie wurde zwischen 1936 und 1952 in über 6000 Exemplaren gebaut und war für vielfältige Zugaufgaben einsetzbar. Kein Zirkusunternehmen, kein Kirmesplatz war in den fünfziger Jahren denkbar ohne mindestens einen dieser kräftigen Gesellen.

Unter der langen Fronthaube standen die sechs Zylinder des Vorkammer-Diesels in Reihe. Normal war eine dreiplätzige Kabine. Die Wehrmacht orderte für ihre Zwecke in der Regel jedoch den Gigant mit sechs bis sieben Sitzen in einer Doppelkabine. Der 250 Liter-Tank befand sich im Heck,

Hanomag ST/STA 100
(1946-52)

Motor
Hanomag Typ D 85
6 Zylinder-Diesel
wassergekühlt
100 PS bei 1500 U/min.
Hubraum 8553 ccm
Bohrung 110 mm
Hub 150 mm

Kraftübertragung
4 Gang-Getriebe
(STA 100: 5-Gang)

Fahrgestell
Fußbremse: Druckluft-Öldruck
Handbremse: mechanisch auf Hinterräder
Scheibenräder
Bereifung: 10.00-20 eHD

Hanomag STA 100 mit Teha-Kipper

Hanomag L 28 Löschfahrzeug mit Kässbohrer-Aufbau

ebenso wie die auf Wunsch lieferbare 3,5 t-Winde mit 80 m Seillänge. Im Laufe der Bauzeit wurde die 100 PS-Zugmaschine mehrfach überarbeitet. Der steil stehende Kühlergrill wurde ersetzt durch eine „schnittigere“ gepfeilte Verblendung. Die Vorderachse wurde weiter vorn angeordnet. Auch Versionen mit Imbert-Holzgas-Generator waren im Programm. Mit dieser Ausstattung mußte man jedoch mit nur 75 PS Leistung vorlieb nehmen. Abgeleitet aus der 100 PS-Zugmaschine gab es in der Nachkriegszeit auch ein Lastwagenfahrgestell STA 100.

Nach dem Zweiten Weltkrieg nahm man bei Hanomag trotz eines fast serienreif entwickelten Prototyps die Personenwagen-Herstellung nicht wieder auf. Die Fertigung der von der Landwirtschaft dringend benötigten Traktoren und die ebenfalls in größeren Stückzahlen laufende Produktion von Straßenschleppern nahm alle verfügbaren Kapazitäten in Beschlag. So dauerte es auch bis 1950, bis Hanomag endlich wieder mit einem eigenständigen Lastwagen an die Öffentlichkeit trat. Der moderne 1,5 Tonner Diesel-Schnellaster wurde auf Anhieb zu einem Erfolg, wozu wohl auch das Pkw-ähnliche Styling mit breitem Frontgrill und integrierten Kotflügeln beigetragen hat. Aus dem 1,5 Tonner L 28 entwickelte sich eine ganze

Maße
Radstand: 3000 mm
(STA 100: 4250 mm)
Spurweite vorn: 1924 mm
Spurweite hinten: 1890 mm
Länge: 5545 mm
(STA: 6680 mm/ 6470 mm)
Breite: 2480 mm
Höhe: 2420 mm

Gewichte
Zul. Gesamtgewicht: 8,75 t
(STA 100: 11,5 t)
Nutzlast: 4,4 - 5,2 t (STA 100)

Fahrleistungen
Höchstgeschwindigkeit: 45 km/h
(STA: 58 km/h)
Kraftstoffverbrauch:
35-40 l/100 km

Preise (1950)
ST 100 Zugmschine: 20.250 DM
STA 100 Sattelzugm.: 21.400 DM

Hanomag L 28 (Aufbau Niermann, Bad Bentheim)

Hanomag L 28 Sattelschlepper (Auflieger: Kässbohrer)

Hanomag Garant mit Autotransport-Auflieger von Ackermann

Hanomag LA 28 Allrad des Bundesgrenzschutzes (Aufbau: Freudenau, Bielefeld)

Familie von äußerlich weitgehend gleichen Lastwagen mit Nutzlasten von 1,75 t, 1,98 t, 2,5 t und 3 t. Die Leistung des Vierzylinder-Diesels von normal 50 PS wurde dabei für die schwereren Typen durch Einsatz eines Roots-Laders auf 65 bzw. 70 PS gebracht. Auch ein Allradwagen wurde ins Programm genommen und bewährte sich vor allem beim Bundesgrenzschutz, bei der Bereitschaftspolizei und als Mannschaftskraftwagen beim Technischen Hilfswerk.

1958 begann die Ablösung der bewährten Haubenwagen, die inzwischen auch eine einteilige Windschutzscheibe erhalten hatten, durch komplett neue Frontlenker-Konstruktionen. Dem leichten Typ Kurier folgten 1959 der Garant und 1960 das schwerste Modell, der Markant. Alle besaßen im Prinzip das gleiche Fahrerhaus und unterschieden sich allein durch Fahrwerk und Motorisierung. Bei allen verschwand die Antriebsmaschine unter der Sitzreihe im Bereich hinter der Vorderachse und bot so einen durchgehenden Fußraum innerhalb der Kabine.

Hanomag L 28 mit der 1957 eingeführten einteiligen Windschutzscheibe

Fast zehn Jahre blieb diese Baureihe im Programm, bis sie 1967 durch eine komplett neue Fahrzeug-Familie ersetzt wurden. Anstelle der Typnamen traten einfache Ziffernkombinationen, wie F 45 oder F 66, wobei F für Frontlenker stand und die Zahl Auskunft gab über das ungefähre zulässige Gesamtgewicht. Die Endziffer 6 war den Typen mit Sechszylinder-Diesel vorbehalten. Zur IAA 1969 wurde die Markenbezeichnung auf den Fronten aller Schnell-Lastwagen aus Hannover verändert in „Hanomag-Henschel“.

Das traditionsreiche Hannoveraner Unternehmen war 1958 in die Hände des Rheinstahl-Konzern übergegan-

Hanomag Kurier

Hanomag AL 28 in der 1964 vorgestellten Form als Mannschaftskraftwagen des Technischen Hilfswerks

gen. Hinzu kam das Erbe der Firma Vidal & Sohn in Hamburg-Harburg, die berühmt waren für ihre Tempo-Dreiräder und die Vierrad-Lieferwagen der Typen Tempo Wiking und Matador. Da sich die Programme nahezu ideal ergänzten, schloß Hanomag 1955 eine Vertriebsvereinbarung mit dem Tempo-Werk. 1965 ging das Hamburger Werk ganz in den Besitz der Rheinstahl über, ebenso wie das Kasseler Unternehmen Henschel.

Unter dem Rheinstahl-Bogen vereinte sich so eine Produktionspalette, wie sie kein anderer deutscher Nutzfahrzeughersteller zu bieten hatte, angefangen vom leichten Hanomag Transporter (ehemals Tempo) bis hin zum schweren Henschel Fernverkehrs-Lastwagen. Dies war dem schärfsten Konkurrenten Daimler-Benz stets ein Dorn im Auge gewesen. Als Rheinstahl sich von dem Lastwagen-Geschäft trennen wollte, griffen die Stuttgarter zu und übernahmen zwischen 1968 und 1972 nach und nach die Rheinstahl-Töchter und führten sie zu einer hundertprozentigen Daimler-Benz-Tochtergesellschaft zusammen, dem Hanomag-Henschel Fahrzeugwerk (HHF). Obwohl man bis zuletzt betonte, man werde die gewachsenen Strukturen nicht zerstören und eine Zweimarken-Strategie zum beidseitigen Nutzen verfolgen, entschloß man sich bei Daimler-Benz dann doch, die Konkurrenz im eigenen Hause zu beenden, und ließ 1973 die Markennamen

Hanomag Kurier mit Heizöl-Aufbau von Ellinghaus, Beckum

Hanomag F 66 Sattelschlepper (100 PS) mit Schmitz-Auflieger

Hanomag und Henschel in der Versenkung verschwinden. Einige Konstruktionsprinzipien lebten bei der Muttergesellschaft noch weiter, die Modellreihen aus Hannover und Kassel wurden jedoch 1973 endgültig eingestellt. Das Hanomag-Werk Bremen-Sebaldsbrück, das Rheinstahl 1961 aus der Borgward-Konkursmasse erworben hatte, wurde von Daimler-Benz zum zentralen Transporter-Werk ausgebaut. Das Stammwerk in Hannover-Linden jedoch wurde 1974 an den kanadischen Massey-Ferguson-Konzern verkauft und spezialisierte sich auf Baumaschinen. 1980 zwang die schlechte Konjunktur im Land- und Bauwirtschaftsbereich die Kanadier dazu, die Hanomag an die Mainzer IBH Holding zu veräußern. Als diese jedoch 1983 Vergleich anmelden mußte, waren auch die Hannoveraner betroffen. Drei niedersächsische Privatunternehmer übernahmen 1984 das Unternehmen, so daß noch heute der Traditionsname Hanomag weiterbesteht, jedoch nicht mehr an Lastwagen, sondern an Radladern, Planierraupen und Müll-Compactoren.

Hanomag F 45 mit 65 PS

Hansa-Lloyd Lastzug von ca. 1933 mit Maybach-Benzinmotor (Aufbau: Thiele, Bremen)

Hansa-Lloyd

Hansa-Lloyd-Werke AG, Bremen (1914-32)
Hansa-Lloyd und Goliath-Werke Borgward & Tecklenborg oHG, Bremen (1932-37)
Hansa-Lloyd-Goliath-Werke
Carl F. W. Borgward, Bremen (1937-38)

Die 1906 gegründete Norddeutsche Automobil- und Motorenaktiengesellschaft (NAMAG) in Bremen-Hastedt wählte den Markennamen „Lloyd" für ihre Lizenzbauten von Krieger Elektrofahrzeugen. 1908 kam ein 5 Tonner-Lastwagen mit 40 PS-Benzinmotor hinzu. Die NAMAG und die seit 1905 bestehende „Hansa Automobil GmbH" in Varel schlossen sich 1914 zur „Hansa-Lloyd-Werke AG" zusammen. Die gemeinsame Firma entwickelte sich im Ersten Weltkrieg zu einem der bedeutsamsten Lieferanten von motorisiertem Transportgerät für das deutsche Heer.
Zunächst ging es auch nach dem Friedensschluß erfolgreich weiter. 1921 erschien ein 2 Tonner-Schnellastwagen mit 40 PS-Maschine. Es folgte der 3,5 Tonner „Expreß". Klangvolle Namen wie „Coeur-Ass" und „Treff-Ass" zierten die Hansa-Lloyd-Lastwagen der zwanziger Jahre. Doch eine verfehlte Modellpolitik, vor allem im Bereich der Luxus-Personenwagen, für die in den Zeiten der Weltwirtschaftskrise kein Bedarf bestand, ließen die Gesellschaft finanziell ins Schlingern geraten. Als Retter in der Not sprang der Nachbar Borgward ein, der mit seinen einfachen, aber zeitgemäßen Blitzkarren große Erfolge einfuhr. Borgward vereinigte 1932 Hansa-Lloyd und sein eigenes Werk zur „Hansa-Lloyd und Goliath-Werke Borgward & Tecklenborg oHG". Gemeinsam bot man in den dreißiger Jahren ein vielfältiges Programm an Nutzfahrzeugen. Die Hansa-Lloyd-Palette begann mit dem 1,5 Tonner „Columbus", setzte sich fort mit dem 2 Tonner „Bremen" und dem 3 Tonner „Europa" und ging bis zum 5 Tonner „Roland" mit 100 PS. Eine Besonderheit war der 4 Tonner „Merkur" von 1931 mit Gegenkolben-Diesel von Junkers. In der Folge bezog Hansa-

Hansa-Lloyd Europa mit Deutz-Diesel und Möbelwagen-Aufbau von P. Bauer, Köln

Hansa-Lloyd 3 t Elektro-Lastwagen von 1920 mit motorhydralischem Meiller Dreiseiten-Kipper

Hansa-Lloyd Europa von 1933 mit MWM-Diesel

oben: Hansa-Lloyd Merkur III ca. 1935 mit 6 Zyl.-Deutz-Diesel (Kipper-Aufbau: Miesen, Bonn)

unten: Hansa-Lloyd Merkur III mit Deutz-Diesel (Aufbau: Thiele, Bremen)

Lloyd jedoch die Diesel-Maschinen von MWM oder von Humboldt-Deutz. Ab 1936 stand auch ein Selbstzünder aus dem eigenen Hause zur Verfügung.
Ab 1938 mußte die Markenbezeichnung „Hansa-Lloyd" bei den Nutzfahrzeugen dem Namen „Borgward" und dem typischen Rhombus weichen. Der Namensteil „Lloyd" wurde nach dem Kriege wiederbelebt und fand Verwendung für Elektrofahrzeuge, die vor allem als Zustell-Lieferwagen bei der Post liefen, und für die unvergessenen Kleinwagen, die Lloyd „Leukoplastbomber".

Henschel

Henschel & Sohn GmbH, Kassel (1925-28)
Henschel & Sohn AG, Kassel (1928-37)
Henschel & Sohn GmbH, Kassel (1937-45)
Hessische Industrie- und Handels-GmbH Hessia, Kassel (1945-48)
Henschel & Sohn GmbH, Kassel (1948-57)
Henschel-Werke GmbH, Kassel (1957-62)
Henschel-Werke AG, Kassel (1962-65)
Rheinstahl-Henschel AG, Kassel (1965-69)
Hanomag-Henschel Fahrzeugwerke GmbH, Hannover (1969-73)

Die Geschichte der Firma Henschel läßt sich zurückverfolgen bis ins Jahr 1785. Damals erwarb Georg Christian Carl Henschel die Hessisch-Fürstliche Stückgießerei in Kassel und damit das Privileg für die Herstellung von Kanonen, Glocken und Feuerspritzen. Im Jahre 1810 gründete Henschel ein eigenes Unternehmen und nahm 1816 die Produktion von Dampfmaschinen auf. 1848 wurde die erste Henschel-Lokomotive mit dem furchterregenden Namen „Drache" an die Hessische Friedrich-Wilhelms-Nordbahn ausgeliefert. Dieser Produktionszweig entwickelte sich zu einem echten Erfolg und schon zum hundertjährigen Firmenjubiläum im Jahre 1910 konnte man die Fertigstellung der 10000. Lokomotive feiern.
Die allgemeine Weltwirtschaftslage ließ es in den zwanziger Jahren ratsam erscheinen, sich neben dem Lo-

Henschel Rex von 1926

komotivbau ein weiteres krisensicheres Standbein zu verschaffen. Die Zukunft sah man in Kassel in der Fertigung von Lastwagen. Die unternehmerisch erfahrene Firma Henschel ging dabei allerdings kein unnötiges Risiko ein, sondern übernahm einfach ein fertiges Produkt der Schweizer Firma Franz Brozincevic & Co. Diese Firma, die ihre Nutzfahrzeuge zunächst unter dem Namen „Franz", später als „FBW" verkaufte, landete übrigens im Verlauf der Geschichte ebenso wie Henschel unter dem gemeinsamen Dach des Daimler-Benz-Konzerns. 1925 stellte man also den ersten Henschel-Lastwagen mit dem klingenden Namen „Rex" vor. Besonders fortschrittlich waren Motorbremse und Kardanantrieb, während zu jener Zeit bei schweren Fahrzeugen noch Kettenantrieb üblich war. Ebenso wie die komplette Konstruktion basierte der 50 PS-Vergasermotor auf einer Lizenz von Brozincevic. Der erste Henschel-eigene Benzinmotor mit 85 PS wurde 1928 entwikkelt.

Neuland betrat Henschel 1932 mit der Konstruktion eines Diesel-Motors, der nach dem Lanova-Luftspeicherverfahren und damit bedeutend weicher als herkömmliche Selbstzünder lief. Ein Teil des Kraftstoffs gelangt bei diesem System in einen separaten Luftspeicher. Im Verlauf der Verbrennung entzündet sich die Speicherladung und drückt in den Hauptbrennraum. Dort verwirbelt sie das Kraftstoffgemisch und sorgt damit für eine intensivere Ausnutzung der zugeführten Energie. Da hierbei die Zünddrücke relativ niedrig gehalten werden können, laufen die Lanova-Maschinen bedeutend leiser als herkömmliche Diesel. Das Kürzel Lanova setzt sich zusammen aus den Anfangsbuchstaben des Erfinders Franz Lang und

5500 Liter-Tankwagen auf Henschel Fahrgestell mit Vollgummireifen von ungefähr 1927

Ellinghaus-Tankwagen auf Henschel 6 J 1 (ca. 1935) mit 125 PS starkem 6 Zyl.-Diesel

Henschel Dampfwagen von 1935 mit zwei Dampfmaschinen. Auf beide Hinterachsen wirken jeweils 120 PS.

Henschel 1930 eine Lizenz für Dampfwagen von der amerikanischen Firma Doble Steam Motors. Da diese aber als Energieträger Braunkohlen- und Steinkohlenteeröle verwendeten und deren Preise immens stiegen, wurde der Dampfantrieb unwirtschaftlich. Nach 25 gebauten Henschel

dem lateinischen Wort nova (= neu). Lanova-Diesel ersetzten bald die benzinschluckenden Vergasermotoren in den schweren Henschel-Lastwagen, fanden aber auch Verwendung in den Diesellokomotiven des Kasseler Hauses.

Die zunehmende Treibstoffverknappung führte bei Henschel schon 1929 zu Versuchen mit Holzgas und Holzkohlengas. Auch besann man sich der langjährigen Tradition der Firma im Bereich der Dampfmaschinen. Außerdem verließen immer noch große Mengen an dampfgetriebenen Straßenwalzen das Kasseler Werk. So erwarb

Henschel 5 J 0 Sattelschlepper von 1933 mit Anhängern von Schmitz, Altenberge

Geländegängiger 3-3,5 Tonner Henschel 33 G 1 mit verschränkbaren Hinterachsen und doppelseitiger Spillanlage

Dampfkraftwagen stellte man daher die weitere Entwicklung wieder ein.

Während des Krieges profilierte sich Henschel auf dem Lastwagensektor vor allem durch geländegängige Dreiachser mit Diesel- oder Vergasermotoren, die ab 1934 im Programm waren und im Auftrag der deutschen Wehrmacht auch von anderen Nutzfahrzeugherstellern gebaut werden mußten. Um Platz für den Bau von Panzern zu schaffen, wurde in den letzten Kriegsjahren die Lastwagenfertigung von Kassel nach Wien verlagert.

Durch Bombenangriffe wurde das Kasseler Werk zu achtzig Prozent zerstört. Die amerikanischen Besatzer

Henschel 36 F 3 (ca. 1932)

ließen nur beschränkt Aufräumungsarbeiten zu. Der Name Henschel war zu eng mit der Rüstungsproduktion verknüpft gewesen. Der Kraftwagenbau wurde zwangsweise von der Mutterfirma losgelöst und in die neugegründete Auffanggesellschaft Hessia eingebracht. Erst im März 1946 wurde die erste Genehmigung zum Neubau von Industrielokomotiven und zur Reparatur von Nutzfahrzeugen und Kleindieselmotoren erteilt. In den ersten Nachkriegsjahren spezialisierte sich die Hessia, die ab 1948 wieder unter dem alten Namen Henschel firmieren durfte, auf die Umrüstung ausgesonderter US-Armee-Lastwagen. Die vorhandenen, extrem durstigen Benzinmotoren wurden durch sparsamere Diesel-Einheiten mit 95 PS aus eigener Fertigung ersetzt. Vor allem nahm man sich der GMC-Dreiachser an, die – auch als Zweiachser-Umbauten – an zivile Kunden weiterverkauft wurden.

Henschel Dreiachser von 1931 mit 2 x 125 PS-Doppelmotor und zwei Holzgasanlagen (Aufbau: Miesen, Bonn)

unten: Henschel 38 S 2 (ca. 1935) Sattelschlepper mit Auflieger von P. Bauer, Köln

Henschel 36 W 3 von 1936 mit 170 PS Achtzylinder-Diesel und Aufbau von Käßbohrer

Während alle anderen deutschen Nutzfahrzeughersteller bereits neue Nachkriegswagen vorgestellt haben, muß sich Henschel noch mit der Fertigung von Einbaumotoren begnügen. 1950 ist es endlich soweit, daß man den neuen Sechstonner HS 6 präsentieren kann. Entsprechend der Motorleistung von 140 PS erhält der Haubenwagen in der Serie den Typnamen HS 140.

Umbau eines GMC aus US-Armeebeständen zum 4 t-Zweiachser mit 95 PS-Henschel-Diesel

Henschel HS 140

(1950-61)

Motor

Henschel Typ 513 DC
(ab 1958: 6 R 1215 R oder 6 R 1215)
6 Zylinder-Diesel
wassergekühlt
140 PS (ab 1955: 145 PS)
bei 2200 U/min.
(ab 1958: 165 PS oder 180 PS bei 2000 U/min.)
Hubraum 8553 ccm
(ab 1958: 11045 ccm)
Bohrung 110 mm
(ab 1958: 125 mm)
Hub 150 mm

Kraftübertragung

Einscheiben-Trockenkupplung
Doppel-4-Gang-Getriebe
(ab 1958: 6-Gang)

Fahrgestell

Fußbremse: Vierrad-Druckluft
Handbremse: mechanisch
Motorbremse
Scheiben- oder Trilexräder
Bereifung: 11.00-20 eHD
(ab 1958: 12.00-20)

Henschel HS 140 Allrad mit Teha Kippmulde

Henschel HS 140 in der ersten Kabinenversionen mit glatten Seiten

Henschel HS 140 in der 1955 eingeführten Kabinengestaltung (Aufbau: Schölch, Kassel)

Eine Besonderheit ist das Doppel-Viergang-Getriebe, bei dem jeder Gangstufe ohne Kupplungsbetätigung ein Schnellgang zugeschaltet werden kann. 1955 wird die Kabine äußerlich verändert. Anstelle der glattflächigen Türen erscheint eine Sicke und darunter rundliche Ausbauchungen. Die Baureihe HS 140 gibt es als Pritschenwagen, Kipper und Sattelzugmaschinen, den Kipper ab 1955 auch in Allrad-Version.

Maße
Radstand: 4800 mm/ 5500 mm
(Kipper 4200 mm/ Sat. 3600 mm)
Spurweite vorn: 1880 mm
Spurweite hinten: 1780 mm
Länge: 8200 mm/ 9200 mm
(Kipper 7220 mm/ Sat. 6000 mm)
Breite: 2500 mm
Höhe: 2635 mm

Gewichte
Zul. Gesamtgewicht: 12,5 - 14,5 t
Nutzlast: 6,6 - 8,1 t

Fahrleistungen
Höchstgeschwindigkeit: 68 km/h
Kraftstoffverbrauch: 22 l/100 km

Preise (1951)
HS 140 Pritsche: 29.800 DM
HS 140 K Kipper: 31.800 DM

Henschel HS 140 K

Henschel HS 100 als Ackermann Möbelwagen

Als Einbaumotor hat sich der 100 PS leistende Lanova-Diesel 512 DG bereits tausendfach bewährt. 1951 hat Henschel auch einen eigenen Lastwagen mit dieser Maschine parat, den neuen Kurzhauber-Typ HS 100. Wie zeitlos das Styling der Kabine ist, zeigt sich darin, daß die Modellreihe äußerlich fast unverändert bis 1969 weitergebaut wird. Die Leistung der Sechszylinder-Maschine springt jedoch von 100 PS über 105 PS (1955) auf 132 PS (1959). Zusätzlich gibt es die Typen HS 120 mit 125 PS (ab 1958 150 PS) und HS 95 mit 110 PS (ab 1959 115 PS). Ende 1958 wird die zweigeteilte Windschutzscheibe mit Mittelsteg ersetzt durch eine großflächige einteilige Einheit. Die Baureihe umfaßt auch dreiachsige Fahrgestelle des Typs HS 3-125 für Kipper- und Betonmischer-Aufbauten.

Ausgehend von den 170 PS starken Haubenwagen HS 170, einer Weiterentwicklung des HS 140, bot Henschel ab 1953 auch Frontlenker-Modelle. Der Sechszylinder-Diesel stand raumfüllend unter einer massigen, kunstlederverkleideten Motorkiste im Inneren des Fahrerhauses. Der HS 170 T – das T stand dabei für Tramführerhaus – wurde 1955 ersetzt durch den HS 165 T, der nach Neuregelung der Maße und Gewichte 1960 als HS 165 TI mit leicht veränderter Kabine und 192 PS-Motor zu neuem Leben erwachte.

Eine Besonderheit im Henschel-Programm der fünfziger Jahre war der Bimot HS 190 S. Da man in Kassel keine ausreichend starken Maschinen im Angebot hatte, kombinierte man einfach zwei der vorhandenen 95 PS-Sechszylinder, stellte sie quer zur Fahrtrichtung mit den Schwungradseiten zueinander in die Front eines Busses, ließ eines der Aggregate mit verkehrter Drehrichtung laufen und geboren war der 190 PS starke Bimot-Bus. So einfach sich die Lösung anhörte, so kompliziert war die Umsetzung in die Praxis. Da beide Motoren nicht immer hundertprozentig synchron liefen, ergaben sich starke Belastungen für die zwischengeschaltete elastische Kupplung. Als Weiterentwicklung des Bimot-Busses zeigte Henschel 1951 einen dreiachsigen Sattelschlepper mit Doppel-Motor unter der kurzen Haube. Es blieb allerdings bei drei Exemplaren, die mit Tankaufliegern für die Esso AG fuhren.

Henschel HS 3-125 Allrad mit Teha-Kippmulden

Henschel HS 90 mit 90 PS-Unterflur-Diesel (Getränkeaufbau von Schölch, Kassel)

Henschel Bimot-Sattelschlepper HS 190 S mit Ellinghaus 21000 l-Tankauflieger

Der 1953 vorgestellte Allrad-Frontlenker HS 115 T war vor allem im Hinblick auf die neuaufzustellende Bundeswehr entwickelt worden, wurde von diesen aber nur in einer Gesamtstückzahl von 400 Exemplaren beschafft. Im ebenfalls anvisierten zivilen Baugewerbe war hingegen die Zeit noch nicht reif für einen allradgetriebenen Frontlenker, die Unternehmer bevorzugten die robusten Haubenwagen-Konstruktionen.
Im Bereich der schweren Baustellen-Kipper hatte Henschel den allradgetriebenen Dreiachser HS 3-180 TAK im Programm. Für Schwersteinsätze in den Ölfeldern der Sahara bot man auch die entprechende Sattelzugmaschine HS 3-180 TAS. Beiden gemeinsam war der 180 PS starke Sechszylinder-Diesel nach System Lanova.

Henschel HS 120 T (Aufbau: Schölch, Kassel)

Henschel HS 165 TSI von 1961 mit Haller Tank-Auflieger

Henschel HS 16 HS mit Kipp-Auflieger von Warneke, Laatzen

Zur IAA 1961 überraschten die Kasseler die Öffentlichkeit mit einer komplett neuen Fahrzeugfamilie. Anstelle der hausbackenen, rundlichen Fahrerhäuser besaßen die neuen Modelle grazil wirkende, mit klarem Strich gezeichnete Kabinen, mit zweifarbig abgesetzter Lackierung und großzügiger Verglasung. Die bei Karmann in Osnabrück entworfenen Häuser waren so konzipiert, daß 70 Prozent der Teile sowohl für die Hauben- als auch für die Frontlenker-Ausführungen verwendet werden konnten. Zunächst erschienen die Reihen HS 14 für 14,2 t Gesamtgewicht und HS 16 für 16 t Limit. Später erweiterte sich das Angebot zu einem kompletten Baukastensystem bis hin zu allradgetriebenen Dreiachsern. Unter anderem präsentierte man 1964 einen Allrad-Frontlenker für den Baustelleneinsatz, den Typ HS 16 TAK. Einen entscheidenden Fortschritt brachte die IAA 1965. Die im Kabineninneren stehenden Sechszylinder-Reihendiesel konnten jetzt endlich für Reparatur- und Wartungsarbeiten komplett freigelegt werden. Dies war das Verdienst einer neu entwickelten, hydraulisch kippbaren Kabine. Äußeres Kennzeichen der Neuentwicklung war die Position der

Henschel HS 16 TL von 1961 mit 192 PS

Scheinwerfer, die nicht mehr im Grill integriert waren, sondern sich jetzt in den Stoßfängern befanden. Anläßlich der IAA 1969 verschwand der traditionelle Henschel-Stern von den Fahrzeugfronten. Die neue Markenbezeichnung hieß nunmehr „Hanomag-Henschel“.

Das Jahr 1957 wurde zu einem entscheidenden Jahr für das Kasseler Unternehmen. Der Bau von schweren Nutzfahrzeugen vor dem Hintergrund straßenverkehrsfeindlicher Gesetzgebungen hatte die Firma fast in den Ruin getrieben. Der letzte Sproß der

Henschel F 261 AK Allrad mit Teha Kippmulde

Hanomag-Henschel H 261 AK Allrad-Kipper

Henschel HS 14 TL Modell 1965 mit Kippkabine

Henschel HS 16 TS mit kurzer Kippkabine und Ackermann Auflieger

Familie Henschel schied aus und der Industrielle Goergen übernahm zusammen mit dem Kaufmann Coutinho die Mehrheit der Geschäftsanteile. Äußeres Zeichen der Firmenumwandlung war der Wegfall des „S“ für Henschel & Sohn im traditionellen Henschel-Stern. Zurück blieb das pure „H“. Die neue Firmenleitung dehnte die Aktivitäten auf Straßenbaumaschinen, u.a. den ersten Scraper aus deutscher Produktion, Schiffsdiesel, kunststoffverarbeitende Maschinen und komplette Walzwerke aus. Im Werk Kassel entstand die größte und modernste Produktionsstätte für Omnibusse aus modular zusammenfügbaren Einzelteilen.

Die Diversifizierung erschien als der Rettungsanker schlechthin. Doch auch dies konnte die finanziellen Schwierigkeiten nicht auf Dauer beseitigen. Undurchschaubare Finanztransaktionen des neuen Firmeneigners unterminierten das Ansehen des Unternehmens. Zudem konnte sich der Gesetzgeber lange Zeit nicht zu eindeutigen Aussagen über kommende Maße und Gewichte durchringen. So versuchte Henschel die Flucht nach vorn, hin-

Hanomag-Henschel F 261 BM mit Stetter Betonmischer in Luxemburg

Ellinghaus 75000 l-Flugfeld-Tankwagen zur Befüllung von Jumbo-Jets mit Henschel 6 x 4-Zugmaschine

Hanomag-Henschel F 150 mit Haller Müllwagen

ein in den gesamteuropäischen Markt. 1961 vereinbarte man mit dem zum Renault-Konzern gehörenden französischen Nutzfahrzeughersteller Saviem eine Vertriebs- und Produktionsabstimmung. Für einige Jahre erschien der Markenname „Henschel-Saviem-Renault" auf den Fahrzeugen, doch die Produktionsprogramme überschnitten sich doch zu sehr, um zu einer befriedigenden Zusammenarbeit zu kommen. Ein nochmaliger Anlauf über die Grenzen Deutschlands hinaus wurde 1963 gestartet mit einem Verkaufsabkommen mit dem britischen Rootes-Konzern, dessen leichte Commer-Lastwagen das Henschel-Programm ideal nach unten hin ergänzten. Doch auch dieser Schachzug führte nicht zu einem dauerhaften Erfolg, die britischen Laster wurden vom deutschen Kunden nicht angenommen.

1964 verlor Henschel die Selbständigkeit und wurde von den Rheinischen Stahlwerken geschluckt. Da Rheinstahl bereits die Firma Hanomag besaß und diese ebenfalls leichte Lastwagen anbot, wurde die Zusammenarbeit mit Commer aufgekündigt und die Vertriebsnetze der Hannoveraner und Kasseler Töchter zusammengeführt. Dies brachte zwar ein breites Programm vom Transporter bis zum schwersten Baustellenkipper, jedoch auch viel Fremdbestimmung bei Konstruktionsentscheidungen in Kassel.

Der Ruhrgebiets-Konzern Rheinstahl wurde mit den branchenfremden Nutzfahrzeugaktivitäten nie recht glücklich und war froh, als Daimler-Benz ihm die Sorgen abnahm und zwischen 1969 und 1971 stufenweise die Hanomag-Henschel Fahrzeugwerke aufkaufte. Nachdem 1974 der letzte Lastwagen mit dem Markennamen Henschel die Werkstore verlassen hatte, wurden noch bis 1980 Mercedes-Lastwagen in Kassel hergestellt. Dann spezialisierte sich die Fabrik auf die Herstellung von Nutzfahrzeugachsen für den gesamten Konzernbereich. Die Rechte an dem Namen Henschel blieben zusammen dem Lokomotiv- und Maschinenbau bei der Thyssen Industrie AG.

Hanomag-Henschel F 263 AK Allrad mit Meiller-Kipper

IFA-Horch H 6

IFA

VEB Kraftfahrzeugwerke Horch, Zwickau (1946-57)
VEB Sachsenring Kraftfahrzeug- und Motorenwerk, Zwickau (1957-58)
VEB Sachsenring Automobilwerke, Zwickau (1958-60)
VEB Lokomotiv- und Waggonbau, Werdau (1949-52)
VEB IFA Kraftfahrzeugwerk Ernst Grube, Werdau (1952-67)
VEB IFA Automobilwerke, Ludwigsfelde (1965-91)

Der Wiederaufbau der Automobilindustrie in der sowjetischen Besatzungszone verlief in völlig anderen Bahnen als in den drei Westzonen. Da die in diesem Gebiet liegenden Werke während des Krieges aktiv an der Rüstungsproduktion beteiligt waren, wurden sie bevorzugtes Ziel der alliierten Bomberflotten. Was an beweglichen Gütern von den Zerstörungen verschont geblieben war, wurde von den sowjetischen Besatzern auf Züge verladen und als Reparationsleistung in die Heimat transportiert. Die Werke wurden entschädigungslos enteignet und in „Volkseigentum" überführt. Sie wurden zu sog. Volkseigenen Betrieben (VEB). So suchten viele qualifizierte Konstrukteure, u.a. aus den ehemaligen Auto Union-Unternehmen oder von dem komplett demontierten Nutzfahrzeughersteller VOMAG, ihre Chance lieber in den kapitalistisch ausgerichteten Westzonen.

Im ehemaligen Horch-Werk in Zwickau gingen die Mitarbeiter bereits 1946 daran, aus noch vorhandenen Restteilen und neugefertigten Komponenten einen Kurzhauben-Lkw in der 3 t-Klasse auf die Beine zu stellen. Der H 3 besaß zunächst Maybach-Benzinmotoren, die eigentlich für Halbketten-Zugmaschinen bestimmt waren, und wurde bis 1949 in 840 Exemplaren verkauft. Das ab 1950 gelieferte Nachfolgemodell H 3 A besaß bereits einen 80 PS leistenden Dieselmotor aus eigener Fertigung. Ab Juli 1957 lautete die Markenbezeichnung Sachsenring, und das geschwungene S zierte die Fronthaube des 4 Tonners S 4000, der 1958 die Nachfolge des H 3 S antrat. Für den 1959 erscheinenden S 4000-1 wurde die Leistung des Vierzylinder-Diesels auf 90 PS angehoben.

Ernst Grube S 4000-1 Z Zugmaschine mit 90 PS-Diesel

Da das Zwickauer Werk Platz schaffen mußte für die Vorbereitung des Kleinwagens P 50, des Vorläufers des weltberühmten „Trabants“, wurde die Produktion des S 4000-1 verlegt in das Kraftfahrzeugwerk „Ernst Grube“ in Werdau. Dort entstanden bis zum Produktionsende im Jahre 1967 etwa 30000 dieser 4 Tonner-Lastwagen.
Seit 1952 lieferte das Werk Werdau einen eigenen Schwerlastwagen unter der Bezeichnung H 6. Er sah dem S 4000 ähnlich, doch besaß er eine längere Haube, um den 120 PS leistenden Sechszylinder-Reihen-Diesel darunter unterzubringen. Parallel dazu bot Werdau den dreiachsigen Fünftonner G 5 mit zuschaltbarem Allradantrieb. Er fand Verwendung vor allem bei der Nationalen Volksarmee,

IFA W 50 L im Einsatz bei der Post in Gera

IFA W 50 L

u. a. mit Kranaufbau beim Bau der Berliner Mauer. Das Jahr 1956 wurde entscheidend für die Konstrukteure in Werdau. Bei einer Tagung des „Rates für gegenseitige Wirtschaftshilfe“, der Wirtschaftsgemeinschaft der Ostblockländer, wurde beschlossen, daß die „DDR“, so hieß der sowjetische Einflußbereich inzwischen, nur noch kleine und mittlere Pkw sowie Lastwagen bis höchstens 5 t Tragfähigkeit produzieren dürfe. Die Konsequenz für Werdau war die Produktionseinstellung von H 6 und G 5 im Jahre 1957, obwohl der H 6 noch 1958 auf der Leipziger Messe gezeigt wurde.
Die großflächigen Landwirtschaftlichen Produktions-Genossenschaften (LPG) mit ihren vielfältigen Aktivitäten benötigten dringend einen multifunktional einsetzbaren Allzweck-Lastwagen. So beauftragte der Ministerrat der DDR 1962 das IFA-Werk in Ludwigsfelde, das sich bislang mit Motorrollern einen Namen gemacht hatte, mit der Produktion eines Frontlenker-Lastwagens in der 4 t-Klasse. Am 1. Juli 1965 lief die Fertigung des neuen W 50 in Ludwigsfelde an. Als Markenbezeichnung trug der hochbeinige Lastwagen die drei Buchstaben IFA. Die 1948 eingerichtete „IFA Vereinigung Volkseigener Fahrzeug-

IFA W 50 L mit Luckenwalde-Drehleiter

werke" faßte zwar alle fahrzeugbauenden Betriebe der DDR unter dem Markennamen IFA zusammen, doch waren bislang die Produkte unter den altbekannten Einzelnamen verkauft worden.
Die Antriebseinheit, ein Vierzylinder-Diesel mit 110 PS, war im Prinzip eine Weiterentwicklung des aus dem S 4000 bekannten Aggregates. 1967 erfolgte eine Umstellung auf das Direkteinspritzverfahren mit Mittenkugelverbrennung nach Lizenz der Westfirma MAN. Damit erhöhte sich die Leistung auf 125 PS.
Die W 50-Familie umfaßte eine Vielzahl von verschiedenen Aufbauvarianten, wahlweise mit Hinterrad- oder Allradantrieb. Im Export, vor allem in sozialistisch regierte Länder auf dem afrikanischen Kontinent, bewährten sich die robusten Fünftonner auch unter extremen Klimabedingungen.

IFA L 60 Allrad

Zur Leipziger Herbstmesse 1986 wurde als neuer Typ der 6 Tonner L 60 vorgestellt. Aus Kostengründen mußte die stilistisch leicht überarbeitete, aber dennoch technisch längst überholte Kabine des W 50 weiterverwendet werden. Zur Wartungsvereinfachung wurde sie jedoch kippbar konzipiert.
Unter dem Blech war allerdings fast alles neu: der Sechszylinder-Diesel, das Achtgang-Wechselgetriebe und das Fahrwerk mit Außenplanetenachsen. Auch Rahmen, Bremsen und Lenkung wurden neu durchkonstruiert.
In den letzten Tagen der „DDR" versuchte der neue Hausherr im Ludwigsfelder Werk, die westdeutsche Firma Daimler-Benz, das vor allem im Export bewährte Fahrgestell weiterzunutzen und mit einer Kabine der LN 2-Generation auszustatten. Doch es blieb bei Prototypen. Heute ist Ludwigsfelde voll damit ausgelastet, Mittelklasse-Lastwagen aus dem Daimler-Benz-Programm in großen Stückzahlen herzustellen.

Kaelble

Carl Kaelble oHG, Backnang (1925-31)
Carl Kaelble GmbH, Backnang (ab 1931)

Im württembergischen Backnang brachte die Firma Kaelble im Jahre 1903 ihren ersten Motor aus eigener Konstruktion zum Laufen. Man setzte ihn 1907 zu Versuchszwecken in

links: Kaelble 6,5 Tonner von 1936

unten: Kaelble S 6 GN von 1936 mit Anhängern von Blumhardt, Wuppertal

Transport eines Eisenbahn-Triebwagens mittels eines verlängerten Culemeyer-Rollers, davor eine Kaelble Zugmaschine Z 6

ein eigens dafür entworfenes Lastwagenfahrgestell. Zu einer Serienproduktion kam es jedoch nicht. 1908, als Carl und Hermann Kaelble den väterlichen Betrieb übernahmen, baute man einen ersten kompressorlosen Dieselmotor nach System Haselwander. Der Erste Weltkrieg brachte Heeresaufträge für den Bau von Zugmaschinen mit 100 PS.

1925 präsentierte Kaelble die erste Diesel-Zugmaschine der Welt. Während die „Suevia“ getaufte Maschine noch mit 12/18 PS Leistung angegeben wurde, glänzte die 1937 vorgestellte, damals weltstärkste Diesel-Zugmaschine aus dem Hause Kaelble schon mit 200 PS. Der allradgetriebene Dreiachs-Frontlenker mit in Fahrzeugmitte liegender Antriebseinheit wurde zusammen mit einem Spezialanhänger zum Transport kompletter Eisenbahnwaggons eingesetzt.

1927 begann Kaelble zwar mit der Fertigung von Lastwagen-Modellen, doch trat dieser Produktionszweig zurück hinter den Bereich Zugmaschinen und Baufahrzeuge (u. a. Straßenwalzen und Planierraupen). Als man in den dreißiger Jahren die Lokomotiven- und Maschinenfabrik Gmeinder & Co. im badischen Mosbach erwarb, erweiterte sich die Palette um Schienenfahrzeuge, so auch die erste Diesellokomotive in Deutschland.

Berühmt wurde Kaelble durch seine schweren Dreiachs-Zugmaschinen für die Deutsche Reichsbahn, die ab 1935 ausgeliefert wurden. Unter einer überlangen Schnauze arbeiteten Sechszylinder-Diesel mit 100 oder 135 PS. Während die ersten Maschinen noch

Die damals größte Diesel-Zugmaschine der Welt, die Kaelble Z 6 R 3 A mit 180/200 PS und Allrad-Antrieb

Kaelble K 630 Z der Deutschen Bundesbahn mit Culemeyer-Roller

rundum mit Vollgummireifen ausgerüstet waren, kamen die 100 PS starken Reichsbahntypen Z 6 R 2 A mit Luftreifen daher. Beide Hinterachsen waren angetrieben. Mit ihren vielachsigen Culemeyer-Rollern transportierten sie Eisenbahnwaggons zu Firmen, die keinen eigenen Bahnanschluß besaßen, sich aber dennoch die zeitraubenden Umladearbeiten auf Straßenfahrzeuge ersparen wollten. Über eine am Heck befindliche Seilwinde mit bis 24 t Zugkraft konnte sich die Zugmaschine ihre Lasten notfalls selbst auf den Hänger ziehen.

Nach dem Kriege knüpfte Kaelble an die alte Zugmaschinen-Tradition wieder an und begann ab 1948 die Fertigung von zwei- und dreiachsigen Einheiten mit vier- oder sechszylindrigen Dieselaggregaten. Hauptkunde blieb die Deutsche Reichsbahn, und auch nach Umbenennung in Deutsche Bundesbahn blieb Kaelble der „Hoflieferant“ für schwere Zugmaschinen. Die Fahrzeuge mit den charakteristischen hohen Hauben wurden für diesen speziellen Großkunden noch bis in die siebziger Jahre

Kaelble K 415 Z mit 95 PS

Kaelble Z 6, vermutlich ein Umbau einer Wehrmachts-Zugmaschine, im Nachkriegseinsatz mit Tankauflieger von Ellinghaus, Beckum (man beachte die Sandstreuer vor der Hinterachse!)

Kaelble K 631 SF mit Haller Tank-Auflieger

Kaelble KV 631 ZR 56 der Deutschen Bundesbahn mit Allradantrieb

hin gebaut, zuletzt ausgerüstet mit 320 PS starken Daimler-Benz-Zehnzylinder-Dieseln.
1947 hatte man bereits das erste Fahrgestell für Kranaufbauen ausgeliefert. 1952 wurde ein dreiachsiger Muldenkipper mit 18 Tonnen Nutzlast für Einsatzbereiche außerhalb öffentlicher Wege entwickelt, damals der größte in Europa.
1949 kehrte Kaelble wieder in den Kreis der Lastwagen-Hersteller zurück. Abgeleitet aus den Zugmaschinen-Konstruktionen wies der 6,5 Tonner K 625 L die gleichen Fahrwerks- und Antriebskomponenten wie die bereits 1948 vorgestellte Zugmaschine K 625 Z auf. Da die Leistung des Sechszylinder-Diesels mit 130 PS recht mager war, erhielt der 7 Tonnen tragende Nachfolgetyp K 630 eine 150 PS starke Maschine.
Die bergigen Strecken der württembergischen Heimat lassen bei den Speditionen den Wunsch nach mehr Leistung aufkommen, als ihn die Sechszylinder aus dem Hause Kaelble bieten können. Diesen Wunsch erfüllen die flexiblen Techniker aus Backnang ab 1951 ihren Kunden mit einem der stärksten deutschen Lastwagen. Der Achtzylinder-Diesel des K 832 schafft stolze 200 PS. Der massige 19 Liter-Motor mit in V-Form stehenden Zylindern dreht extrem langsam und bringt schon bei 1400 U/min seine Höchstleistung. Da nach den Seebohmschen Gewichtsvorschriften das Eigengewicht des Fahrzeugs von entscheidender Bedeutung ist, kann der

Kaelble KV 631 ZF Allrad-Zugmaschine von 1952

Kaelble KD 631 mit Teha Kippvorrichtung für die Zementsilos

Kaelble K 631 L mit Haller Silo-Aufbau

schwere Achtzylinder im Fernverkehr nicht mehr rentabel eingesetzt werden. Die Maschine wird daher nur noch für überschwere Muldenkipper oder Ölfeldfahrzeuge verwendet.
Bei den Sechszylinder-Modellen erfüllte Kaelble den Wunsch nach mehr Leistung ab 1954 mit einer 180 PS-Maschine in der Baureihe K 680. Weit ragte die imposante, jetzt etwas abgerundetere Schnauze über die Vorderachse hinaus.
Das Ende der wenig raumökonomischen Haubenfahrzeuge im Fernverkehrsgewerbe kam mit den restriktiven Längen- und Gewichtsvorschriften der Seebohm-Ära. Die robusten, aber auch extrem schweren Boliden aus Backnang waren nicht mehr rentabel einzusetzen. So startete Kaelble verschiedenste Versuche mit ultraleichten Frontlenker-Konstruktionen, so z.B. auch mit einer Sattelzugmaschine, bei der zur Gewichtsreduktion ein Benzinmotor von BMW ge-

Kaelble K 650 LF von 1957 mit 145 PS

Kaelble K 832

Motor
Kaelble Typ GN 130 a
V 8 Zylinder-Diesel
wassergekühlt
200 PS bei 1400 U/min.
Hubraum 19000 ccm
Bohrung 130 mm
Hub 180 mm

Kraftübertragung
Zweischeiben-Trockenkupplung
6-Gang-Getriebe

Fahrgestell
Fußbremse: Vierrad-Druckluft
Handbremse: mechanisch mit Federspeicher
Trilexräder
Bereifung: 12.00-22

Maße
Radstand: 5400 mm
Länge: 9400 mm
Breite: 2470 mm
Höhe: 2580 mm

Gewichte
Zul. Gesamtgewicht: 16 t
Nutzlast: 8 - 9 t

Fahrleistungen
Höchstgeschwindigkeit: 65 km/h

Preise (1951)
K 832 L Pritsche: 42.900 DM
HS 140 K Kipper: 31.800 DM

Kaelble K 832 Z

Kaelble KDV 833 S Allrad-Zugmaschine

wählt wurde. Doch all diese Exoten kamen über ein Prototypen-Stadium nicht hinaus. Da das relativ kleine Unternehmen keine großen Summen in eine ungewisse Zukunft investieren wollte, sah man sich bei Kaelble gezwungen, aus dem Markt der Fernverkehrswagen auszusteigen und sich auf die maßgeschneiderten Zugmaschinen- und Baufahrzeugkonstruktionen zu spezialisieren.

Erst als zu Beginn der sechziger Jahre endlich Klarheit herrschte über die zukünftige Gestaltung der Maße und Gewichte, wagte sich Kaelble wieder an einen Fernverkehrs-Lastwagen. Als Ende 1961 endlich der lange angekündigte Kaelble K 652 LF erschien, war es allerdings schon zu spät. Die Konkurrenz hatte sich inzwischen fest etabliert, und die alten Stammkunden hatten sich umorientiert. Auch bot der Frontlenker mit in der Kabine stehendem, 192 PS starkem Sechszylinder-Diesel aus eigener Fertigung außer der serienmäßigen Zweigang-Hinterachse kaum etwas Besonderes, das die Speditions-Unternehmer hätte locken können. So zog sich Kaelble 1964 endgültig aus dem Markt der Straßenlastwagen zurück und beschränkte sich auf die Weiterentwicklung der Zugmaschinen und Muldenkipper. Diese überraschten 1965 mit einem komplett neuen Kleid. Die Stilisten hatten ihnen durch ein betont funktionales Design mit glattflächigen Blechen ein für damalige Augen futuristisches Aussehen gegeben. Spitzenmodell des Zugmaschinen-Programmes war der 1967 vorgestellte, durch Abgasturbolader auf 425 PS Leistung gebrachte Dreiachser KDVW 400 Z.

Kaelble KDV 22 Z von 1964 mit 300 PS

Kaelble KDV 400 Z von 1967 mit 400 oder 425 PS

Schwerlastzugmaschinen, Lokomotiven, Schienenfahrzeuge, Getriebe und Sonderfahrzeuge für Bergbau, Hüttenwerke und Mülldeponien. Durch die vielfältigen Neukonstruktionen standen Entwicklungskosten und Gewinn in solch ungünstigen Verhältnis, daß die Finanzdecke immer dünner wurde. Risikoreiche Exportaufträge erschwerten die Lage zusätzlich, so daß das Familienunternehmen 1981 unter Kontrolle eines arabischen Konsortiums geriet.

In der Folgezeit profilierte sich das württembergische Unternehmen immer mehr zu einer Denkfabrik für spezielle Aufgaben. 1968 entwickelte man Flugplatz-Löschfahrzeuge und Flugzeugschlepper mit 600 PS. 1970 entstand ein allradgetriebenes Fahrgestell mit Allradlenkung für die größte Schneefräse der Welt. Als Kaelble 1984 das hundertjährige Firmenjubiläum feierte, umfaßte das umfangreiche Produktionsprogramm Radlader, Muldenkipper, Planier- und Laderaupen,

Kaelble KDV 32 E 8 T mit 300 PS

Kaelble KDVW 420 Z der Deutschen Bundesbahn mit 420 PS Daimler-Benz-Motor

KFM TB 600 Desert Lion

KFM

Kaiserslauterner Fahrzeug- und Maschinenbau AG, Neunkirchen (1982-83)

Auf der Frankfurter IAA im Herbst 1983 überragte eine dreiachsige Schwerstlastzugmaschine alle anderen Exponate im Freigelände. Die 1982 gegründete Kaiserslauterner Fahrzeug- und Maschinenbau AG zeigte als erstes Ergebnis ihrer kreativen Tätigkeit den Off-Road-Prototyp TB 600. Der Namenszusatz „Desert Lion" (= Wüstenlöwe) ließ schon darauf schließen, für wen diese Neukonstruktion bestimmt war, für „Länder und Regionen, in denen bei Transportaufgaben weite Entfernungen unter extremen Temperaturen und unberechenbaren Wettereinflüssen zu überwinden sind". Dementsprechend wurde besonderer Wert gelegt auf möglichst hohe Geschwindigkeit, wohl auch im Hinblick auf angestrebte Militärkunden, die Panzer und schweres Gerät schnell von einem Frontabschnitt zum anderen verlagern wollen.
Bei einem Gesamt-Zuggewicht von 90 t sollte der Desert Lion eine Höchstgeschwindigkeit von 80 km/h erbringen. Der Aktionsradius ohne Nachfüllung des Kraftstofftanks betrug bis zu 2000 km. Als Motorisierung waren Einheiten zwischen 600 und 800 PS vorgesehen. Das überdimensionierte Kühlsystem für Motor und das halbautomatische Renk Lastschalt-Getriebe lagen hinter der Fahrerkabine. Planetenachsen mit zuschaltbarer Differentialsperre und einer Achssperre zwischen den Hinterachsen sorgten auch bei schwierigen Bedingungen für ausreichenden Vortrieb.

Obwohl im saarländischen Neunkirchen ein eigenständiges Werk für den „Wüstenlöwen" errichtet wurde, kam es zu keiner regulären Produktion des Schwersttransporters. Die KFM mußte noch 1983 Konkurs anmelden. Dennoch stand auf dem Brüsseler Nutzfahrzeug-Salon 1991 wiederum ein Desert Lion, diesmal ausgestellt von der für ihre Ölfeld- und sonstigen Spezialfahrzeuge bekannten belgischen Firma MOL, die die ursprüngliche KFM-Konstruktion bei ihrem Tochterunternehmen BREC fertigen ließ. Entsprechend der Typbezeichnung TB 800 war ein 816 PS leistender MWM-Diesel eingebaut. Damit eignete sich die schwere Sattelzugmaschine für ein Gesamtzuggewicht von bis zu 154 Tonnen.

Restaurierter Krupp von 1922

Krupp

Fried. Krupp AG Germania-Werft, Kiel (1905-08)
Fried. Krupp AG Kraftwagenfabrik, Essen (1919-44)
Südwerke Motoren- und Lastkraftwagenbau GmbH, Bamberg (1944-48)
Südwerke Motoren- und Lastkraftwagenbau GmbH, Kulmbach (1948-51)
Südwerke Motoren- und Kraftwagenfabriken GmbH, Essen (1951-54)
Fried. Krupp Motoren- und Kraftwagenfabriken GmbH, Essen (1954-68)

Der Name Krupp ist seit der Firmengründung im Jahre 1811 eng mit der Erzeugung von Stahl und Stahlprodukten verbunden. 1816 entwikkelte Friedrich Krupp ein Verfahren, um qualitativ hochwertigen Gußstahl serienmäßig herzustellen. 1852 präsentierte die Firma eine bahnbrechende Erfindung: erstmals war es gelungen, Eisenbahnräder aus einem Stück Gußstahl zu walzen, ohne eine den Rundlauf störende Schweißstelle. Diese zum Patent angemeldete Neuerung war für das Unternehmen von so entscheidender Bedeutung, daß man drei sich überschneidende Räder als bis heute bestehendes Markenzeichen des Krupp-Konzerns wählte.

Einen ersten Ausflug in den Nutzfahrzeugsektor wagte Krupp, als von 1905 bis 1908 die zum Konzern gehörende Kieler Germania-Werft einen Dampfwagen nach Stoltz-Lizenz herstellte. Die eigentliche Lastwagenproduktion begann allerdings erst 1919/1920 in Essen mit einem 5 Tonner mit 75 PS Vierzylinder-Benzinmotor und Kettenantrieb.

Krupp Kehrmaschine von 1934 mit 24 PS Vierzylinder-Benzinmotor

Krupp L 5 N von 1931 mit Wackenhut-Aufbau

Krupp 5 Tonner von 1923 mit 45 PS 4-Zyl. Vergasermotor und Glogger Langholz-Nachläufer

Weitere Stationen der Entwicklung waren 1924 Vierrad-Öldruckbremsen in Krupp-Nutzfahrzeugen, ein 1925

Krupp L 2,5 H 42 von ca. 1935 mit Miesen Krankenwagen-Aufbau

vorgestellter 1,5 Tonner Schnellastwagen mit Leichtmetall-Motorgehäuse, Zylinderblock mit eingepreßten Laufbuchsen und hängenden Ventilen und noch im selben Jahr ein Fünftonner mit Niederrahmenfahrgestell und einer Öldruckbremse mit unterstützendem Unterdruckbremszylinder. Spezielle Kommunalfahrzeuge, z. B. Müllwagen, wurden von Krupp auf eigenen oder auf Fremdfahrgestellen angeboten. 1921 wurde eine dreirädrige Kehrmaschine entwickelt, die durch extreme Wendigkeit überzeugte. Ab 1925 wurde der Kettenantrieb bei Krupp-Nutzfahrzeugen durch Kardanwellen ersetzt.

Obwohl Krupp bereits 1897 zusammen mit der MAN an der ersten Inbetriebnahme eines Dieselmotors durch Rudolf Diesel beteiligt war, dauerte es bis 1932, bis die Essener nach weniger erfolgreichen eigenen Versuchen Dieselmotoren in ihre Lastwagen einbauten. Man entschied sich dabei zur Übernahme einer Lizenz der Junkers Motorenbau GmbH, Dessau. Es waren Zweitakt-Doppelkolben-Motoren in Ausführungen mit zwei oder drei Zylindern und Leistungen von 45 oder 65 PS. Die mit diesen Maschinen aus-

Krupp L 4 M 262 von etwa 1938

Krupp LD 6,5 N 42 von etwa 1935 mit Ellinghaus Tank-Aufbau

gerüsteten Lastwagen waren zu erkennen an der geflügelten Junkers-Figur unter den Krupp-Ringen auf der Kühlerfront.
Bei den Junkers Diesel-Maschinen laufen jeweils zwei Kolben in einem Zylinder aufeinander zu. Beim Zusammengehen schließen sie die noch vom Spülvorgang übriggebliebene Frischluft ein und verdichten sie. Kurz vor den Totpunkten wird durch eine Düse

Thermowagen-Aufbau von Thiele, Bremen auf Krupp LD 6,5 N 262 (ca. 1938)

in der Zylinderwand Kraftstoff eingespritzt, der sich durch die hochverdichtete Luft von selbst entzündet. Der Verbrennungsdruck treibt dabei die Kolben auseinander und versetzt über Zug- und Druckstangen die Kurbelwelle in Drehung. Am Ende des Arbeitshubes öffnen sich die Auspuffschlitze, kurz darauf die Spülschlitze, durch die Frischluft einströmt und die Restgase hinausspült.
Die Kanonen-Tradition des Ersten Weltkrieges setzte Krupp auch im

Krupp L/LD 2,5 H 242 von 1938 mit Aufbau von P. Bauer, Köln

Restaurierter Krupp LD 3,5 M 42 mit 60 PS
Junkers Gegenkolben-Diesel

Zweiten Weltkrieg in einem hohen Engagement in der Rüstungsproduktion fort. So wurden die Essener Werksanlagen Zielpunkt vieler Bombenangriffe mit dem Ergebnis einer fast vollständigen Zerstörung im Kriegsjahr 1943. Die Lastwagenproduktion wurde ausgelagert in das von Deutschland besetzte Elsaß nach Mühlhausen. Die „Südwerke" genannten Ausweichanlagen verlegten 1944 ihren Verwaltungssitz nach Bamberg, mit Betrieben in Kulmbach und Nürnberg.

Auch nach dem Kriege war eine Rückkehr nach Essen zunächst nicht möglich. Auf dem Gelände einer Brauerei in Kulmbach begann man schon 1946 wieder mit der Produktion des 4,5 Tonners L 45. Neben einem 110 PS starken Otto-Motor war vor allem der aus diesem abgeleitete Gengas-Motor mit 75 PS besonders gefragt, denn mit diesem bekam der Kunde ab Werk eine mit heimischer Energie betriebene Antriebseinheit. Holzscheite schwelten in einem Imbert-Generator, der die zur Verbrennung benötigten Gase erzeugte. 150-200 kg Holz betrug der „Kraftstoffverbrauch" auf 100 km.

Ab 1949 bot man auch wieder einen Diesel-Lastwagen. Die Kulmbacher Techniker griffen dabei auf die bewährten Doppelkolben-Zweitakter zurück, die man bereits in der Vorkriegszeit nach Junkers-Lizenz gefertigt hatte. Im 5 Tonner-Haubenwagen LD 50 erbrachte der Dreizylinder mit seinen sechs Kolben 90 PS Leistung.

Alle Lastwagen der Kulmbacher Produktion mußten auf die traditionellen drei Ringe als Markenzeichen verzichten, auch der Name Krupp war ihnen verwehrt. Allein die Bezeichnung „Südwerke" war zugelassen und als Firmen-Logo die Buchstaben S und W in einem gleichseitigen Dreieck.

Südwerke LD 60 von 1950 mit 125 PS
Doppelkolben-Diesel

Krupp Titan mit Stahl-Kipper-Aufbau von Warneke, Laatzen für ein Gesamt-Zuggewicht von 40 t

Eines der berühmtesten Fahrzeuge der Wirtschaftswunderzeit und der Stolz seiner Fahrer war der Krupp Titan. Zum Pariser Salon 1950 stellen die Südwerke ihr neuestes Flaggschiff vor, einen 8 Tonner mit 190 PS. Als 1951 die Serienfertigung anläuft, lautet die Leistungsangabe bereits 210 PS. Der Sechszylinder-Motor ist das erste Modell einer neuentwickelten Zweitakt-Diesel-Baureihe, die im Baukastensystem mit gleichen Einzelzylindermaßen zu Lastwagenmotoren mit drei, vier oder sechs Zylindern zusammengefügt werden. Die Titan-Maschine ist ein technischer Kompromiß. Sie besteht im Prinzip aus zwei eigenständigen Dreizylinder-Motoren mit separaten Nockenwellen und getrennten Schmierölkreisläufen. Dies war das Resultat der Unsicherheit über kommende Straßenverkehrsgesetzgebungen. Im Gespräch war eine Beschränkung der Motorleistung deutscher Lastwagen durch den Allierten Kontrollrat auf 150 PS, vielleicht sogar nur 100 PS. Als dieser Plan dann glücklicherweise nicht durchgesetzt wurde, fügten die Südwerke-Techniker einfach zwei der fertig entwickelten schwächeren Dreizylinder-Motoren zu einem Sechszylinder-Aggregat zusammen, um die für den Fern-

Krupp Titan
(1950-54)

Motor
Südwerke Typ SW 6
6 Zylinder-Zweitakt-Diesel
wassergekühlt
190 PS (ab 1951: 210 PS) bei 1700 U/min.
Hubraum 8724 ccm
Bohrung 115 mm
Hub 140 mm

Kraftübertragung
Zweischeiben-Trockenkupplung
6 Gang-Getriebe

Fahrgestell
Fußbremse: Vierrad-Druckluft
Handbremse: mechanisch auf Hinterräder
Kompressor-Motorbremse (ab 1953)
Trilexräder
Bereifung: 12.00-22

Maße
Radstand: 5650 mm
(Kipper 5000 mm/ Sat. 4200 mm)
Spurweite vorn: 1978 mm
Spurweite hinten: 1815 mm
Länge: 9900 mm
(Kipper 8600 mm/ Sat. 7235 mm)
Breite: 2500 mm
Höhe: 2800 mm

Gewichte
Zul. Gesamtgewicht: 16 t
Nutzlast: 7,4 - 8,0 t

Fahrleistungen
Höchstgeschwindigkeit: 63 km/h Kraftstoffverbrauch: 25 l/100 km

Preise (1951)
L 80 Pritsche: 42.500 DM
K 80 Kipper: 44.500 DM

Krupp Titan Super von 1953 mit Kässbohrer Thermos-Aufbau

Krupp Titan

Krupp Mustang L 8 M 4

Südwerke Mustang L 60 mit 145 PS in den Niederlanden

Krupp Widder K 5 W 3 von 1955 mit 110 PS Dreizylinder-Diesel

verkehr erforderliche Leistung zu erhalten. Dadurch geriet der neue Lastwagen so kräftig, daß der Krupp Titan lange Zeit einen Spitzenplatz in der Skala der stärksten deutschen Laster halten kann. Jedem „Kapitän der Landstraße" klingt noch heute das kernige „Kropp-kropp-kropp" der Zweitakt-Maschinen im Ohr, und manch einer ulkte, daß es der einzige Lastwagen sei, der seinen eigenen Namen sagen konnte.

Das 1950 präsentierte Spitzenmodell „Titan" blieb nicht lange allein. 1951 folgte der „Mustang" mit vierzylindrigem Zweitakt-Diesel und der „Büffel" mit drei Zylindern. Der Zoo wurde später komplettiert durch die leichten Lastwagen „Elch" und „Widder" und bei den schweren Fahrzeugen durch den „Tiger", den nicht mehr ganz so gewichtigen Fünfzylinder-Nachfolger des legendären „Titan". 1955 gab es bei Krupp den ersten serienmäßigen Frontlenker. Der Mustang Front erfreute dabei die geplag-

Krupp Mustang L 8 M 4
(1955-57)

Motor
Krupp Typ D 459
4 Zylinder-Zweitakt-Diesel
wassergekühlt
150 PS bei 1800 U/min.
Hubraum 5816 ccm
Bohrung 115 mm
Hub 140 mm

Kraftübertragung
Einscheiben-Trockenkupplung
6 Gang-Getriebe

Fahrgestell
Fußbremse: Vierrad-Druckluft
Handbremse: mechanisch auf Hinterräder
Kompressor-Motorbremse auf Wunsch
Trilexräder
Bereifung: 12.00-20 eHD

Krupp Gigant AMK 19 C 6 mit Meiller Kippmulde

Krupp Mustang Frontlenker mit Blumhardt-Auflieger

ten Mechaniker mit einem neuen Konstruktionsdetail. Zu Wartungszwekken ließ sich die Frontklappe wie eine Schranktür öffnen und der komplette Kühler seitlich wegschwenken.
Auch am Geschäft mit Allradwagen für die Bauwirtschaft und vor allem für die neuauszustattende Bundeswehr hätte Krupp sich gern beteiligt. Doch die geländegängige Kurzhauber-Konstruktion mit dem Typnamen „Drache" konnte sich nicht durchsetzen. Auch hier arbeitete die Vierzylinder-Maschine nach dem krupp-typischen Zweitakt-Prinzip.
Die Zweitakter-Diesel wiesen zwar als besondere Delikatesse eine Motorbremse auf, die verblüffend einfach funktionierte und wirkungsvoller als herkömmliche Konstruktionen war (durch Verdrehen der Nockenwelle wurde die Antriebsmaschine zum verdichtenden und damit bremsenden

Krupp Drache Allrad mit Teha Kippmulde

Maße
Radstand: 4950 mm/ 5500 mm
(Kipper 4150 mm/ Sat. 3700 mm)
Spurweite vorn: 1976 mm
Spurweite hinten: 1801 mm
Länge: 8060 mm/ 9000 mm
(Kipper 6500 mm/ Sat. 6045 mm)
Breite: 2500 mm
Höhe: 2715 mm

Gewichte
Zul. Gesamtgewicht: 15,5 t
Nutzlast: 8,0 - 8,7 t

Fahrleistungen
Höchstgeschwindigkeit: 63 km/h Kraftstoffverbrauch: 19 l/100 km

Preise (1955)
L 8 M 4 Pritsche: 38.050 DM
K 8 M 4 Kipper: 41.260 DM

LF 16 Löschfahrzeug auf Krupp Widder
K 60.2 W 3 mit 126 PS von 1960

Krupp S 960 mit Cummins-Diesel und Tank-Auflieger von Ellinghaus, Beckum

Kompressor), doch stöhnten die Fahrer zunehmend über die starke Lärmbelästigung. Prinzipbedingt waren die Zweitakter recht rauhe Burschen und bedeutend lauter als ihre viertaktenden Kollegen.
Trotz hochmoderner, optisch ansprechender Kabinen auf neuen, ab 1959 eingeführten Haubenwagen und Frontlenkern konnten die Krupp-Händler zu Beginn der sechziger Jahre immer weniger Fernverkehrsfahrzeuge an den Mann bringen. Bei diesen wurden die in der Kabine stehenden, trotz intensiver Kapselung noch stark lärmenden Maschinen als besonders lästig empfunden. Es mußte daher dringend ein Ersatz gefunden werden. Das Geld und die Zeit für die Entwicklung einer neuen Motorenfamilie waren nicht vorhanden. So sah man sich bei den Anbietern von Einbaumaschinen um und wurde fündig bei dem amerikanischen Hersteller Cummins. Dieser bot einen platzsparend in V-Form angeordneten Sechszylinder mit 200 PS. Zur IAA 1963 erschienen die ersten Vertreter der neuen Viertakt-Generation in der Lastwagen-Baureihe 960. Krupp hatte inzwischen noch viel Mühe und Sorgen investieren müssen, um dem rauhen Cummins-Motor, der bis dato noch nicht in einem Lkw gelaufen war, erst einmal vernünftige Manieren beizubringen. Ein kleines Typschild mit einem C signalisierte der Außenwelt, daß die deutsch-amerikanische Antriebseinheit installiert war. 1964 lief der letzte Krupp-Lastwagen mit Zweitakt-Maschine vom Band. Die gesamte Produktpalette war innerhalb eines Jahr auf die neuen leiseren Motoren umgestellt worden.
1965 war Krupp der erste Vertreter eines neuen Trends, der heute aus dem Lastwagenbau kaum wegzudenken ist: man präsentierte die erste serienmäßige Kippkabine aus deutscher Produktion. Das gesamte Fahrerhaus

Krupp LF 806

Krupp Tiger S 100 Tg 5 mit 5 Zylinder Zweitakt-Diesel (Silo-Auflieger von Haller, Stuttgart)

konnte in einer halben Minute mithilfe vorgespannter Druckfedern um 40 Grad nach vorn gekippt werden. Im selben Jahr erweiterte man in Essen das Motoren-Programm. Der bisherige Einheits-Sechszylinder, dessen Leistung zwar inzwischen auf 210 PS angehoben war, reichte nicht aus für die ab 1966 geforderte Mindestleistung von 6 PS pro Tonne für den 38 t-Zug. So fügte man dem V 6-

1959 erschienen neue Mittelklasse-Baureihen mit den Bezeichnungen 401, 501 und 601; hier ein Möbelwagen mit Aufbau von Buschbaum, Hannover

Krupp SF 801 mit 180 PS 4 Zyl.-Zweitakt-Diesel und Kässbohrer-Auflieger

Krupp LF 901 von 1961 (200 PS Fünfzylinder-Zweitakt-Diesel) mit Aufbau von Kässbohrer, Ulm

Krupp LF 301 Betonmischer

Cummins einfach ein Zylinderpaar hinzu und erhielt einen V 8-Diesel mit ausreichend dimensionierten 250 PS. 1967 gab es noch einen Nachschlag und eine Erhöhung auf 265 PS. Die neuen Modelle waren gekennzeichnet durch eine 8 in der Typbezeichnung, z.B. der Frontlenker-Lastwagen LF 980 oder der Allrad-Dreiachser AK 380.

Mitte der sechziger Jahre wurden die ersten finanziellen Probleme des Krupp-Konzerns sichtbar. Als Großaufträge aus dem Ausland mehr Verluste als Gewinne brachten, stieg die Deutsche Bank ein und forstete die Betriebsstruktur auf unrentable Unternehmensbereiche durch. Opfer dieser Bereinigung wurde unter anderem die Krawa, die Krupp Kraftwagenfabrik in Essen. Am 30. Juni 1968 stellte Krupp offiziell die Produktion von Lastwagen ein. Daimler-Benz übernahm die Verkaufsorganisation, nicht aber das Fahrzeugprogramm oder Konstruktionsideen. Die Werkshallen wurden als Kleingewerbeflächen weitervermietet. Bereits fertiggestellte Prototypen von zukünftigen Lastwagenmodellen wurden verschrottet. Jede Erinnerung an die massigen Lastwagen mit dem typischen Sound wurde konsequent vernichtet.

Krupp SF 380 von 1968 mit Cummins V 8-Diesel (Tankauflieger: Ellinghaus, Beckum)

Krupp LF 980

(1965-68)

Motor

Krupp-Cummins Typ V 8-250
(ab 1967: V 8-265)
V 8 Zylinder-Direkteinspritzer-Diesel
wassergekühlt
250 PS (ab 1967: 265 PS) bei
1800 U/min.
Hubraum 12850 ccm
Bohrung 140 mm
Hub 105 mm

Kraftübertragung

Einscheiben-Trockenkupplung
6 Gang-Getriebe

Fahrgestell

Fußbremse: Vierrad-Druckluft
Handbremse: Federspeicher auf Hinterräder
Motorbremse
Trilexräder
Bereifung: 12.00-20 16 PR

Maße

Radstand: 4800 mm
(Kipper 3700 mm/ Sat. 3700 mm)
Spurweite vorn: 1997 mm
Spurweite hinten: 1812 mm
Länge: 8250 mm
(Kipper 6780 mm/ Sat. 6250 mm)
Breite: 2500 mm
Höhe: 2860 mm

Gewichte

Zul. Gesamtgewicht: 16 t
Nutzlast: 8,8 t

Fahrleistungen

Höchstgeschwindigkeit: 82 km/h Kraftstoffverbrauch: 25 l/100 km

Preise (1966)

LF 980 Pritsche: 61.490 DM
KF 980 Kipper: 62.650 DM

Magirus

C. D. Magirus, Ulm (1903-11)
C. D. Magirus AG, Ulm (1911-36)
Humboldt-Deutzmotoren AG Magirus-Werke, Ulm (1936-38)
Klöckner-Humboldt-Deutz AG, Ulm (1938-74)
Magirus-Deutz AG, Ulm (1974-83)
Iveco Magirus AG (ab 1983)

Conrad Dietrich Magirus gründete zusammen mit Kameraden aus dem Turnerbund einen Spritzenzug für die Freiwillige Feuerwehr seiner Heimatstadt Ulm. Er wurde Kommandant und entwarf selbst Leitern und Spritzen. Diese fertigte er in der Ulmer Firma Eberhard, an der er sich 1864 finanziell beteiligte. Berühmt wurden die „Ulmer Leitern", die ersten fahrbaren und freistehenden Feuerwehrleitern für Steighöhen von 12 – 16 Metern. Ab 1875 produzierte Magirus in einem eigenen Betrieb, der „Feuerwehrgerätefabrik C. D. Magirus". Die erste Drehleiter, eine vierteilige Einheit mit 27 m Steighöhe auf einem Pferdefuhrwerk, wurde 1892 nach Moskau geliefert. Doch auch im Feuerwehrbereich war die Mechanisierung nicht mehr aufzuhalten. 1903 stellte Magirus die erste selbstfahrende, dampfgetriebene Feuerspritze vor. 1904 lieferte man bereits einen kompletten dampfautomobilen Löschzug für die Stadt Köln, bestehend aus einer Dampfspritze und einer ebenfalls dampfgetriebenen 24 m-Drehleiter. Dampf steuerte auch das Aufrichten und Ausziehen der Leiter.
Auch auf Benzinmotor-Fahrgestellen wurden Magirus-Leitern montiert, doch es dauerte noch bis 1916, bis die Ulmer Fabrik Untergestelle aus eigener Fertigung anbieten konnte. Das 1911 zur Aktiengesellschaft umgeformte Unternehmen beauftragte den Ingenieur Heinrich Buschmann mit der Konstruktion eines verbrennungsmotor-getriebenen Nutzfahrzeuges. Heraus kam 1916 ein 3 Tonner-Lastwagen mit Vierzylinder-Otto-Motor und Kettenantrieb. Schon 1918 verließ auch ein Feuerwehrfahrgestell mit Kardan-

Magirus 2 C Dreitonner-Hinterkipper von 1920

Magirus 2 C 1 von 1924 mit 45/50 PS-Vergasermotor

Magirus M 27 von 1934 mit Wechselaufbau

Magirus M 50 von 1936 mit 110 PS-Sechszylinder-Diesel

Magirus M 25 mit Tankaufbau von P. Bauer, Köln

antrieb die Ulmer Werkshallen. Diese Kombination von Chassis und feuerwehrtechnischem Aufbau „aus einer Hand“ wurde zu einer Spezialität der Magirus-Werke und wird auch heute noch als verkaufsförderndes Argument genutzt.

Ein erstes, 1919 hergestelltes Kommunalfahrzeug brillierte schon mit einem Wechselaufbau. Der Latrinenreinigungstank konnte gegen eine normale Pritsche ausgetauscht werden.

In den zwanziger Jahren entwickelte Magirus ein umfangreiches Programm an Lastwagen und Feuerwehrfahrzeugen, doch zu Beginn der dreißiger Jahre zeigte sich, daß das Festhalten an Benzinmotoren viele Kunden enttäuschte. Die Konkurrenz bot bereits seit längerem die sparsameren Diesel-Maschinen in ihren Nutzfahrzeugen. So stiegen 1932 die Banken bei der Magirus AG ein und suchten nach einem potenten Partner. Er fand sich 1935 in der Kölner Humboldt-Deutzmotoren-AG. Diese war hervor-

Magirus M 206 6x4 (1934) für die Reichswehr mit 1,5 t Nutzlast

gegangen aus der ersten Motorenfabrik der Welt, 1864 gegründet vom Erfinder des Verbrennungsmotors, Nikolaus August Otto, und dem Ingenieur Eugen Langen. Als Otto 1876 den Viertakt-Motor entwickelt hatte, firmierte das Unternehmen als „Gas-

Magirus 6,5 Tonner M 65 mit 150 PS Zwölfzylinder-Boxer-Diesel und Holzgasanlage (vorgestellt 1936)

Magirus ML 4-5 Tonner mit Maybach 70 PS Sechszylinder-Otto-Motor

motorenfabrik Deutz AG". Am 5. März 1936 erwarb die Kölner Firma die Magirus AG. Sie wurde das „Werk Ulm" der „Humboldt-Deutzmotoren AG, Köln". Das im Rahmen eines Ideenwettbewerbes 1925 zum Markenzeichen gewählte Ulmer Münster in Form eines großen „M" blieb jedoch noch auf den Fronten der Lastwagen. Erst die ab 1940 entwickelten Einheits-Dreitonner der Kriegsgeneration zeigten nur noch die im Kreis angeordneten Worte „Klöckner-Deutz".

1936 stellte Magirus einen ersten Frontlenker-Lastwagen vor. Ein Zwölfzylinder-Boxer-Diesel brachte eine Höchstleistung von 150 PS. Der Motor befand sich unter dem Fahrzeugrahmen hinter der am Fahrerhaus montierten Anthrazitgas-Generatoranlage. Diese Antriebseinheit, die noch von Ulmer Technikern entworfen war, blieb einigen Prototypen vorbehalten. Ab 1937 wurden alle Magirus-eigenen Motorentwicklungen durch Deutz-Diesel ersetzt.

Während des Zweiten Welkrieges wurde das Ulmer Werk voll in die Rüstungsproduktion einbezogen. Es wurden Panzer und Dreitonner-Lastwagen mit Allrad- oder Normalantrieb für die Wehrmacht gefertigt. Magirus baute auch den von Steyr

Magirus L 235/L 240 von 1938 mit Vierzylinder-Deutz-Diesel

Magirus L 365 von 1937 mit wassergekühltem Sechszylinder-Deutz-Diesel (150 PS)

Magirus L 145 von 1939 mit standardisierter Kraftfahrdrehleiter KL 26 mit 26 m Steighöhe, dahinter die Kraftfahrspritze KS 25

entwickelten „Raupenschlepper Ost“. Bei diesem kam erstmals der neue, von Deutz konstruierte luftgekühlte Diesel in großer Stückzahl zum Einsatz, die Maschine, die durch ihr charakteristisches Heulen das akustische Bild der Magirus-Lastwagen der fünfziger und sechziger Jahre bestimmen sollte.

Nach Kriegsende waren die Magirus-Werke zum größten Teil zerstört. Dennoch begann um die Jahreswende 1945/46 wieder die Arbeit an Nutzfahrzeugen. Um noch vorhandene Teile aufzubrauchen, konstruierten die Techniker die Wehrmachts-Raupe für friedliche Zwecke um und boten den „Waldschlepper RS 1500“, ein Halbkettenfahrzeug mit dem luftgekühlten 65 PS-Deutz-Diesel. Die in geringer Stückzahl gefertigten Dreitonner-Lastwagen besaßen jedoch zunächst noch den wassergekühlten Vierzylinder-Diesel. Erst 1948 wurden Lastwagen mit

Magirus S 3500 (1949-51) mit Teha Müllwagen-Aufbau

Magirus S 6500
(1951-55)

Motor
KHD Typ F 8 L 614
V 8 Zylinder-Diesel
luftgekühlt
175 PS bei 2250 U/min.
Hubraum 10644 ccm
Bohrung 110 mm
Hub 140 mm

Kraftübertragung
Einscheiben-Trockenkupplung
6 Gang-Getriebe

Fahrgestell
Fußbremse: Vierrad-Druckluft
Handbremse: mechanisch auf Hinterräder
Motorbremse auf Wunsch Scheibenräder
Bereifung: 11.00-20 eHD

Klöckner S 3000 mit Imbert-Holzgasanlage

Magirus Sirius 90 L von 1959

luftgekühlten Maschinen auf der Messe in Hannover gezeigt.
Zur IAA 1951 überraschte Magirus die Öffentlichkeit mit einer komplett neu gestylten Lastwagenreihe. Das Aussehen der als 3,5 Tonner und als 6,5 Tonner vorgestellten Rundhauber wich formal von allem bisher Dagewesenen ab. Wie bei einem zubeißenden Krokodil klappt die „Alligatorhaube" als komplettes Bauteil nach oben hin. Durch den Verzicht auf die bislang noch beibehaltene, aber eigentlich überflüssige eckige Kühlerattrappe zeigen die Ulmer schon optisch, daß ihre Motoren auf einen aufwendigen und platzraubenden Wasserkühler verzichten können. Sowohl die Vierzylinder-Maschine des S 3500 mit 85 PS als auch die unter einer längeren Schnauze verborgene V 8-Einheit des S 6500 sind luftgekühlte Dieselmotoren aus dem Hause Deutz. Ab 1955 kommen, ebenfalls luftgekühlt, Sechszylinder-Maschinen hinzu. Damit sie unter der kurzen Rundhaube Platz finden und auch durch das Kühlgebläse gleichmäßig erreicht werden, stehen die Zylinder in Dreierreihen V-förmig zueinander. Da die Hinterachs-Radantriebe als Planetengetriebe ausgebildet sind, greift Magirus auch bei der Namensgebung ihrer Lastwagen zu den Sternen und

Maße
Radstand: 4800 mm / 5400 mm
(Kipper 4400 mm)
Spurweite vorn: 1910 mm
Spurweite hinten: 1780 mm
Länge: 8020 mm / 9015 mm
(Kipper 6845 mm)
Breite: 2500 mm
Höhe: 2330 mm

Gewichte
Zul. Gesamtgewicht: 12,6 t
Nutzlast: 6,5 t

Fahrleistungen
Höchstgeschwindigkeit: 78 km/h Kraftstoffverbrauch: 17 l/100 km

Preise (1953)
S 6500 Pritsche lang: 36.000 DM
S 6500 Kipper: 37.360 DM

Magirus Mercur mit Kässbohrer-Aufbau

Magirus S 6500 von 1952

nennt ihre Modelle Sirius, Mercur, Saturn und Jupiter. Später kommt noch der Pluto hinzu.
Der dickste Brocken im Magirus-Programm der fünfziger Jahre ist der Uranus. Da die aus einem Bauteil geformte Rundhaube bei starker Verwindung des Fahrgestells im Gelände zum Aufspringen neigt, wählt Magirus für die allradgetriebenen Modelle eine konventionelle eckige Haubenform mit feststehendem „Kühler"-Grill und separaten Motorklapppen. Diese an die Vorkriegsmodelle erinnernde Form gibt es in schmaler Ausführung für die leichten Baureihen

Magirus Uranus V 12
(ab 1957)

Motor
KHD Typ F 12 L 614
V 12 Zylinder-Diesel
luftgekühlt
250 PS bei 2300 U/min.
Hubraum 15966 ccm
Bohrung 110 mm
Hub 140 mm

Kraftübertragung
6 Gang-Getriebe und Verteilergetriebe

Fahrgestell
Fußbremse: Sechsrad-Druckluft Handbremse: mechanisch auf Hinterräder
Motorbremse
Scheibenräder
Bereifung: 12.00-20 Gelände verst.

Magirus Jupiter 6x6 (1960) für die Bundeswehr

und mit breiter Attrappe für die mittleren und schweren Versionen. Da unter der breiten Nase des 1957 vorgestellten Uranus ein 170 PS leistender Achtzylinder Platz finden muß, ragt sie weiter nach vorn als bei den Sechszylinder-Modellen. Wahlweise gibt es den allradgetriebenen Dreiachser auch mit 250 PS leistender Zwölfzylinder-Maschine. So findet sie Verwendung im Ölfeldeinsatz oder als Kranwagen bei Feuerwehren.

Magirus 200 D 26 AK von 1965 mit Gergen Kippmulde

Maße
Radstand: 3800+1280 mm
Spurweite vorn: 1930 mm
Spurweite hinten: 1840 mm
Länge: 7680 mm
Breite: 2500 mm

Gewichte
Zul. Gesamtgewicht: 23 t
Nutzlast: 14,2 - 15,4 t

Fahrleistungen
Höchstgeschwindigkeit: 70 km/h
Kraftstoffverbrauch: 32 l/100 km

Magirus A 6500 Rüstkranwagen

Magirus Uranus mit Blumhardt Ölfeld-Aufbau

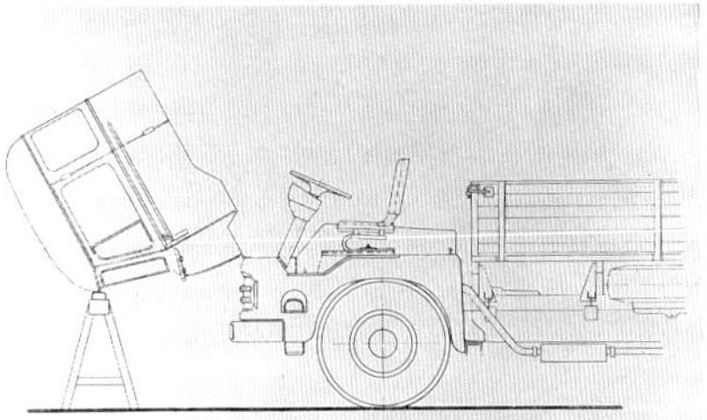

Prototyp des Magirus S 7500 Jupiter F von 1955 mit Kippkabine

Die ersten serienmäßigen Frontlenker erschienen 1957 auf der Basis der Mercur mit Vier- und mit Sechszylindermaschinen. Bei den schweren Fahrzeugen hatte man bereits 1955 mit einem revolutionären Entwurf einer Frontlenker-Kippkabine experimentiert. Der V8-Motor des S 7500 Jupiter F lag unterhalb der Sitzreihe, so daß der Fahrer den Platz nicht mit einem Motorkasten teilen mußte. Für Reparatur- und Wartungsarbeiten wurde der gesamte obere Teil der Kabine um 90 Grad nach vorn geklappt. Lenksäule, Instrumententräger und Sitze blieben dabei in ihrer alten Stellung. Da die Fahrer aber fürchteten, daß ihnen bei scharfem Bremsen das Haus über dem Kopf wegklappen könnte, blieb es bei einem Prototyp. Erst ab 1959 gab es wieder schwere Frontlenker aus dem Ulmer Werk, die 195 PS starken Typen Saturn 195 F-S als dreiachsige

Magirus Mercur 120 FL Export von 1959

Magirus Saturn 200 F-S mit Ackermann-Auflieger

Gruppenkraftwagen des Technischen Hilfswerks auf Magirus 120 D 10 A

Magirus Jupiter 170 A Rüstkranwagen RKW 10

Magirus Pluto 200 mit Aufbau von Freudenau, Bielefeld

Magirus 210 D 16 F mit Ackermann-Aufbau

Rüstwagen der Aachener Feuerwehr auf Magirus 192 D 11 FA Allrad

Zugmaschine und den Zweiachs-Lastwagen Jupiter 195 F. Endgültig produktionsreif wurden sie allerdings erst 1961 mit einer 200 PS Maschine als Saturn 200 FS und Pluto 200 F.

1964 mußten die phantasieanregenden Sternennamen der Magirus-Lastwagen einem prosaischen Zahlen-Code weichen, der Auskunft gab über Motorleistung und zulässiges Gesamtgewicht. So hatte z. B. der Allrad-Dreiachser 230 D 26 AK von 1967 einen luftgekühlten Achtzylinder-Motor mit 230 PS und war für ein Gesamtgewicht von 26 t zugelassen.

Das äußere Bild der Magirus-Frontlenker änderte sich ab 1963 drastisch. Zur IAA jenes Jahres präsentierten die Ulmer einen Dreiachs-Fernverkehrswagen mit 235 PS starkem Zehnzylinder-Diesel. Gedacht war der 22 Tonnen-Typ mit dem Namen Saturn TE 235 F für einen erhofften gesamteuropäischen 38 t-Zug. Absolut neu war das moderne Design der Frontlenker-Kabine. Die kantige Form bot im Innenraum mehr Platz als die rundlichen Vorgänger. Zur IAA 1965 stellte Magirus bereits eine ganze Familie von Frontlenker-Lastwagen mit dem neuen Fahrerhaus vor und in der Folgezeit wurde die Kabine zum Standard für alle Nutzlastklassen. Die Motorisierungspalette erstreckte sich dabei vom Sechszylinder mit 90 PS bis hin zum 1969 eingeführten Zwölfzylinder mit 340 PS. Selbst ein Gasturbinenantrieb wurde 1968 in einem Dreiachs-Frontlenker erprobt. 1973 wurde die Kabine optisch überarbeitet und erhielt einen mattschwarzen Frontgrill.

Die altgediente Haubenwagenreihe, die im Prinzip noch aus den fünfziger Jahren stammte, wurde ab 1970 ersetzt durch eine moderne Generation von „Bau-Bullen". Diese aggressive Namensgebung lag damals voll im Trend der Magirus-Werbung. Die Ulmer beschränkten ihre Public Relations-Beiträge nicht allein auf das Fachpublikum, sondern machten auch dem „kleinen Mann auf der Straße" klar, daß Magirus-Deutz die „Deutschen Bullen" lieferte. Selbst die Fußballmannschaft von Bayern München wurde gesponsort und kickte mit den

Magirus Versuchsfahrzeug von 1968 mit Zweiwellen-Gasturbine und Leistung zwischen 250 und 380 PS

„Deutschen Bullen“ auf dem Trikot. Die klar gezeichneten Linien und die großflächige Frontscheibe der neuen Haubenwagen waren so zeitlos funktional, daß die „Bau-Bullen“ als letzte noch aus Magirus-Zeiten stammende Baureihe im heutigen Iveco-Bauprogramm überlebt. Ebenso wie bei dem Eckhaubern der vorhergehenden Generation gab es die Bau-Bullen mit verschieden langen Haubenausführungen, es existierten Sechszylinder-Modelle in Reihen- und in V-Bauweise sowie Acht- und Zehnzylinder in V-Form. Zur Wahl standen und stehen heute noch Allradwagen und hinterradgetriebene Varianten, ebenfalls Dreiachser in 6 x 4- oder 6 x 6-Versionen.

Da man bei Magirus in den sechziger Jahren kein leichtes Fahrzeug für den innerstädtischen Verteilerverkehr anbieten konnte, die Kosten einer kompletten Neuentwicklung aber nicht tragen konnte oder wollte, wurde man mit dem Landmaschinenhersteller Eicher handelseinig, der 1963 einen fortschrittlichen Dreitonner-Frontlenker vorgestellt hatte und ihn mehr schlecht als recht über sein Netz von Trakto-

Magirus 126 D 11 F Heizölwagen (Aufbau: Haller)

Magirus-Deutz 250 D 22 FK 6 x 4 von 1970

Magirus-Deutz 120 D 9 FL Getränkewagen
(ehemalige Eicher-Konstruktion)

renhändlern abzusetzen versuchte. So übernahmen die Ulmer die komplette Konstruktion, setzten anstelle der Eicher-Maschine einen luftgekühlten 70 PS-Deutz-Diesel und lieferten bereits 1966 die ersten Fahrzeuge unter der Typbezeichnung 70 D 6 FL aus. Besonders populär wurde die Baureihe als Spezialfahrgestell für Getränkeaufbauten.

Die mittelschweren Frontlenker aus dem Hause Magirus-Deutz wurden in Motorleistung und Nutzlast immer stärker, die bewährten Rundhauber bis 1971 nur noch auf besonderen Wunsch der Bundespost weitergeführt. So ergab sich eine Angebotslücke in der Mittelklasse zwischen 6 und 13 t Gesamtgewicht. Auch andere europäische Hersteller hatten ähnliche Probleme. So fand man sich zusammen und gründete den sog. „Vierer-Club“. An diesem beteiligten sich Magirus-Deutz, Volvo, DAF und die Renault-Tochter Saviem. Gemeinsam entwikkelte man Fahrgestell und Fahrerhaus, teilte sich damit die notwendigen hohen Investitionen, und stattete das Ganze mit jeweils eigenen Antriebskomponenten aus. Das Kooperationsmodell überlebte bci Magirus als MK-Reihe bis in die Iveco-Zeiten. Noch heute werden Brandschutzfahrzeuge aus dem Hause Magirus mit weiterentwickelten „Vierer-Club-Kabinen“ ausgestattet. Auch der als Nachfolger des Bundeswehr-Unimogs gedachte Allradwagen 130 M 7 FAL erhielt dieses Fahrerhaus.

oben: Magirus-Deutz 170 D 15 A Allrad

unten: Iveco-Magirus 160-25 Allrad-Kipper

Magirus-Deutz 256 D 26 AK

Magirus-Deutz 90 M 7 FL mit „Vierer-Club-Kabine"

Als zum Beginn der siebziger Jahre die Konzentrationen in der deutschen Nutzfahrzeugindustrie abgeschlossen waren, als Daimler-Benz sich Hanomag-Henschel einverleibt und MAN den Konkurrenten Büssing geschluckt hatte, stand allein die Klöckner-Humboldt-Deutz-Tochter Magirus noch solo da. Endlich fand man einen Partner jenseits der Grenzen. Zum 1. Januar 1975 führte der italienische Fiat-Konzern die Nutzfahrzeugaktivitäten seiner Töchter Fiat Veicoli Industriale, OM, Lancia Veicoli Speciale und das französische Werk von Unic zusammen mit der von Klöckner-Humboldt-Deutz eingebrachten Magirus AG und gründete die Industrial Vehicles Corporation (IVECO) mit Sitz in Amsterdam. Fiat besaß 80 Prozent und KHD 20 Prozent der Holdinggesellschaft. Fortan versorgte Iveco auch das deutsche Händlernetz mit Fahrzeugen aus den verschiedensten Produktionsstandorten des multinationalen Unternehmens. So wurde u.a. die bei OM hergestellte Baureihe NC, später Zeta, als Magirus-Deutz in Deutschland verkauft, die schweren

Iveco-Magirus Allrad-Geräteträger 80.16 AW

Magirus-Deutz 192 M 16 F Kanalreiniger

Baubullen von Magirus, ausgestattet mit wassergekühlten Motoren, z. B. in Italien als Fiat und in Frankreich als Unic. 1980 stieß KHD seine Anteile ab, und Fiat wurde alleiniger Besitzer. Als Konsequenz verschwand der Name Magirus-Deutz von den Fahrzeugen, allein ein kleiner Schriftzug Magirus in einer Ecke des von den Blockbuchstaben IVECO dominierten Frontgrills blieb übrig.
Als erstes Ergebnis der neuen Konstellationen kamen 1977 neugestaltete Fernverkehrs-Frontlenker heraus. Die Kabine mit großflächiger Frontscheibe wurde zum Standard-Fahrerhaus für den gesamten Iveco-Konzern, kam also auch bei Fiat-, OM-

Iveco-Magirus 79-10 V

und Unic-Fahrzeugen zum Einsatz. Da KHD seine Anteile an Iveco zu diesem Zeitpunkt noch hielt, wurden die Magirus-Modelle mit luftgekühlten Deutz-Motoren mit 256 oder 320 PS ausgerüstet. Nach Ausstieg der

Iveco-Magirus 135-17 mit Auflieger von Spier, Steinheim

Kölner kamen auch wassergekühlte Einheiten zum Einbau. Die Einheitskabine war auch Basis für die bei Unic in Frankreich entwickelte schwere Mittelklasse der M-Baureihe. Auch der 1984 vorgestellte Fernverkehrswagen „Turbostar" und die T-Baureihe konnten eine Familienähnlichkeit nicht leugnen, obwohl die Kabine an Format gewonnen hatte. 1989 wurde als Flaggschiff der 476 PS starke Turbostar 190.48 präsentiert.
Das 1978 eingeweihte, hochmoderne Karosseriewerk im Donautal bei Ulm wurde voll in den Iveco-Produktions-

Katastrophenschutz-Löschfahrzeug LF 16 TS auf Iveco-Magirus 90-16 Allrad-Fahrgestell

Iveco-Magirus 190-33 TurboStar

verbund eingegliedert und stellt u. a. die Fahrerhäuser für schwere Straßenfahrzeuge her. Inzwischen ist die Iveco noch um einige Beteiligungen gewachsen, u. a. 1986 durch die Übernahme der britischen Ford Lastwagen-Aktivitäten und durch Ankauf der spanischen Firma Pegaso und dessen britischen Ableger Seddon-Atkinson im Jahre 1990. In Indien engagierte sich Iveco bei dem heimischen Hersteller Ashok-Leyland.

Das Jahr 1991 markierte den Einstieg in ein neues Zeitalter bei der Iveco. Als erstes Modell einer neuen Nutz-

Iveco-Magirus 110-17 Allrad der Bundeswehr

fahrzeug-Familie erschien der EuroCargo, der als multinationales Angebot mehrere Konstruktionen der ehemals eigenständigen Iveco-Mitglieder ersetzen sollte, so den TurboZeta aus der OM-Erbmasse, die MK-Rei-

Iveco-Magirus 300.30 AHB 8 x 4 x 4 von 1987 mit Liebherr Betonmischer

Iveco-Magirus 190.30 H Allrad-Kipper

he aus Magirus-Deutz-Zeiten und den Cargo aus der ehemaligen britischen Ford-Produktion. Der nächste Schritt folgte zur Nutzfahrzeug-IAA 1992 mit der neuen Baureihe „EuroTech“ in der schweren Mittelklasse.

Iveco-Magirus 260-23 6 x 4 Betonmischer

MAN

KG Lastwagen-Werke MAN-Saurer, Lindau (1915)
Kraftwagenwerke MAN-Saurer GmbH, Nürnberg (1915-18)
Maschinenfabrik Augsburg-Nürnberg AG, Nürnberg (1918-55)
Maschinenfabrik Augsburg-Nürnberg AG, München (1955-71)
M.A.N. Maschinenfabrik Augsburg-Nürnberg AG, Unternehmensbereich Nutzfahrzeuge, München (1971-85)
MAN Nutzfahrzeuge GmbH, München (1985-88)
MAN Nutzfahrzeuge AG, München (ab 1988)

Erster MAN-Saurer 4-5 Tonner mit 37 PS-Ottomotor und Kettenantrieb von 1915

In Augsburg gab es seit 1840 die Maschinenfabrik Augsburg L. Sander und in Nürnberg seit 1841 die Maschinenfabrik und Gießerei Klett & Comp. Beide Firmen florierten, denn sie konnten Dampfmaschinen und Stahlprodukte für die Industrialisierung ganzer deutscher Regionen und für die überall in Deutschland neu eingerichteten Eisenbahnen liefern. 1898 schlossen sich beide Unternehmen zusammen zur Vereinigten Maschinenfabrik Augsburg und Maschinenbaugesellschaft Nürnberg AG. Hinzu kam das 1860 gegründete

MAN 5 Tonner von 1924 mit Meiller-Kipper

MAN 5 Tonner mit Kettenantrieb von etwa 1923

Schörling Sprengwagen auf MAN KVB/4 von etwa 1928

Zweigwerk Gustavsburg. 1908 wählte man den heutigen Namen „Maschinenfabrik Augsburg-Nürnberg AG“, kurz M.A.N.
Am 24. März 1914 schlossen die M.A.N. und die in Arbon am Bodensee beheimatete Schweizer Firma Adolf Saurer AG ein Kooperationsabkommen über den Bau eines gemeinsamen Lastwagens. So konnte sich die M.A.N. aufwendige Entwicklungskosten am Vorabend des Ersten Weltkrieges ersparen. Die ersten Fahrzeuge wurden noch in einem Saurer-Zweigwerk in Lindau montiert. Ende 1915 wurde die Produktion der „MAN-Saurer“-Lastwagen ins eigene Werk nach Nürnberg geholt. Es entstanden Zweitonner mit Kardanantrieb und Vier- und Fünftonner mit Kraftübertragung mittels Ketten. Nach Abschluß des Krieges zog sich Saurer aus der Partnerschaft zurück, so daß die Lastwagen fortan unter der Markenbezeichnung MAN verkauft wurden.
Rudolf Diesel hatte bei der Maschinenfabrik Augsburg das Konzept der nach seinem Namen bezeichneten Wärmekraftmaschinen entwickelt und im Mai 1895 erstmals zufriedenstellend in der Praxis erprobt. 1924 erschien der erste MAN-Lastwagen mit einem 45 PS leistenden Dieselmotor in der Öffentlichkeit.
Zwischen 1925 und 1930 entwickelte MAN für die Kraftverkehrsgesellschaft

MAN D 1 von etwa 1933 mit Aufbau von Moldenhauer, Recklinghausen

MAN F 1 H 6 Fünftonner der Deutschen Reichsbahn von 1934 mit 110 PS

unten: MAN-Modelle des Jahres 1933: (von links) Z 1, M 2, F 1 und S 1 H 6

MAN S 1 H 6 (140 PS) von 1931 mit Müllwagen-Aufbau von P. Bauer, Köln

Bayern eine Reihe von schweren Fahrzeugen, 5-6 Tonner mit Otto-Motoren von 55 bis 85 PS, später auch mit 100 PS starkem Sechszylinder unter der langen Schnauze. Ab 1927 wurde ein riesiger Dreiachser für 8-10 t Nutzlast mit einem 150 PS-Otto-Motor bei MAN gebaut. Auch der ab 1931 installierte 150 PS-Diesel aus MAN-eigener Entwicklung fand für Dreiachser Verwendung.

Nach Schwierigkeiten um 1932 ging es mit dem Lastwagenbau in Nürnberg ab 1933 wieder bergauf. Eine moderne Fließband-Montage produzierte ein komplett erneuertes Bauprogramm mit weitgehend identischen Konstruktionsmerkmalen. Die Baureihen E, B, D, F und M mit Nutzlasten zwischen 2,5 und 6,5 t besaßen Dieselmotoren, einheitliche Getriebe, Rahmen mit über den Achsen schwach gekröpften Längsträgern und damit niedrigerer Schwerpunktlage und Vierradbremsen. Ein Merkmal dieser MAN-Lastwagen, das auch für die Fahrzeuge der Nachkriegsproduktion typisch wurde, war die Trennung von treibenden und tragenden Funktionen in der Hinterachse durch zwei separate Baugruppen.

Die leicht schräg stehende, eckige Kühlermaske mit dem Schriftzug „MAN-Diesel" wurde erstmals 1935 bei dem 2,8 Tonner E 2 eingeführt. Besonders kraftvoll wirkten die 6,5 Tonner der Baureihe F 4 von 1936, die unter einer langen Haube einen Sechszylinder-Diesel mit 150 PS führten.

MAN erwarb sich viele Verdienste um die Weiterentwicklung des Dieselmotors. 1936/37 konstruierte Ober-

MAN ML 4500 S des Deutschen Roten Kreuzes mit Aufbau von Miesen, Bonn

ing. Wiebicke Direkteinspritzer mit globusförmigem Kugelbrennraum. Diese G-Motoren baute MAN als Vier- und Sechszylinder mit Leistungen zwischen 25 und 120 PS. Da die Nachfrage nach den MAN-Diesellastwagen kaum noch befriedigt werden konnte, erwarben die Nürnberger 1938 die Mehrheit an den österreichischen Austro-Fiat-Werken in Wien, die als ÖAF (Österreichische Automobil-Fabrik) MAN-Lastwagen und -Motoren herstellten. Diese Gesellschaft, die sich

MAN F 4 mit Ackermann-Leichtmetall-Aufbau nach dem Kriege

nach dem Zweiten Weltkrieg zwangsweise von seiner deutschen Mutter trennen mußte, stellt heute als wieder hundertprozentige MAN-Tochter Spezialfahrzeuge und Zugmaschinen für den weltweit operierenden Konzern her.

Der Typenbegrenzungsplan des General Schell beschränkte MAN auf die Nutzlastklasse zwischen 3 und 4,5 Tonnen. Die renommierten Fernverkehrswagen und Dreiachser fielen dem Rotstift zum Opfer. So produzierte MAN ab 1940 den neu konstruierten 4,5 Tonner ML 4500. Unter einer kurzen Eckhaube arbeitete ein 110 PS-Diesel. Durch Einbau eines Verteilergetriebes und einer geänderten Vorderachse mit Kardanwelle konnte ohne weitere Umbauten auch eine Allradversion angeboten werden. Obwohl die Lastwagen-Fertigung im Werk Nürnberg 1942 eingestellt wurde, produzierte das Wiener Werk noch bis zum Kriegsende weiter.

Das Jahr 1945 fand die Nürnberger Werksanlagen zu 80% in Trümmern. Dennoch wurde schon am 8. Mai 1945 unter Aufsicht der amerikanischen Besatzungsmacht wieder mit Reparaturaufträgen und der Fertigung von Ersatzteilen begonnen. Zum Weihnachtsfest 1945 verließ bereits der erste Lastwagen aus Friedensproduktion die Hallen, ein 4,5 Tonner-Einheits-Lkw des Typs ML 4500. Im September 1946 wurde die Fertigstellung des hundertsten Lastwagen gemeldet.

MAN MK (1946-50)

MAN MK 25 mit 120 PS

MAN 515 L 1 mit Teha Absetzkipper

MAN 745 L 1 S mit Auflieger von Warneke, Laatzen

Der fortschrittliche, auf 5 Tonnen Nutzlast verstärkte Kurzhauber blieb in den harten Nachkriegsjahren das „Brot-und-Butter"-Auto für die MAN. Unter der Typbezeichnung MK erhielt er einen 120 PS-Diesel. Die extrem kantige Motorverkleidung wurde ab 1950 verschönt durch eine etwas gerunde-

MAN F 8

tere Kühlerform. Gleichzeitig wurde die Baureihe gesplittet in die weiterhin 120 PS starke 5 Tonner-Serie MK 25 und die 130 PS leistende 6 Tonner-Ausführung MK 26.
Zur Frankfurter IAA 1951 konnte MAN endlich wieder ein echtes Flaggschiff vorstellen. Es erschien der 8 Tonner-Schwerlastwagen F 8. Die acht Zylinder der 180 PS-Maschine stehen in einem Winkel von 90 Grad in V-Form zueinander. Die breitere Antriebseinheit benötigt mehr Platz im Motorraum, so daß die Haube entsprechend breiter ausfällt. Moderner wirken auch die in den Kotflügeln integrierten Scheinwerfer. Auch das Ganzstahlfahrerhaus ist eine Nummer größer geworden. Obwohl der schwere Haubenwagen nach deutscher Gesetzgebung für den Fernverkehr unwirtschaftlich wird, werden die archaischen Riesen noch bis 1963 gebaut, zuletzt vor allem für den Export in Länder, die die 19 t an technisch möglichem Gesamtgewicht auch nutzen können.
1954 führte MAN eine neue Motorengeneration ein. Die M-Motoren bedeuteten einen weiteren Schritt nach vorn gegenüber den bisherigen G-Modellen. Durch das neuentwickelte Mittenkugelverfahren hatte man den Direkteinspritzern das lästige Nageln weitgehend abgewöhnt. Tester schwärmten von „flüsternden Dieselmotoren". Das M-Verfahren wurde in der Folgezeit über Lizenzvergaben weltweit verbreitet. Als erster Lastwagen mit der neuen Motortechnik erschien 1954 der Typ 515 L 1, noch ausgestattet mit der eckigen Kurzhaube.
Der erste deutsche Diesel-Lastwagen mit Abgasturbolader stammte aus dem Hause MAN. Zur IAA 1953 wurde der neue Typ 750 TL 1 vorgeführt. 155 PS erbrachte der aufgeladene Sechszylinder. Als der Haubenwagen mit 7,5-8 t Nutzlast 1954 endgültig in die Serie übernommen wurde, arbeitete

MAN F 8
(1951-63)

Motor
MAN Typ D 1548 G
(ab 1954: D 1548 M 1)
V 8 Zylinder-Diesel
wassergekühlt
180 PS bei 2000 U/min.
Hubraum 11633 ccm
Bohrung 115 mm
Hub 140 mm

Kraftübertragung
Einscheiben-Trockenkupplung
6 Gang-Getriebe

Fahrgestell
Fußbremse: Vierrad-Druckluft
Handbremse: mechanisch auf Hinterräder mit Federspeicher
Trilexräder
Bereifung: 13.00-20 eHD

Maße
Radstand:
4900 mm/ 5500 mm/ 6100 mm
(Kipper 4900 mm,
Sat. 3800 mm/ 4300 mm)
Spurweite vorn: 2050 mm
Spurweite hinten: 1750 mm
Länge: 7860 mm/ 8873 mm/ 9073 mm
(Kipper 7583 mm,
Sat. 6083 mm/ 6583 mm)
Breite: 2500 mm
Höhe: 2770 mm

Gewichte
Zul. Gesamtgewicht: 16 t
Nutzlast: 7,8 - 8,3 t

Fahrleistungen
Höchstgeschwindigkeit: 60 km/h
Kraftstoffverbrauch: 22,5 l/100 km

Preise (1951)
F 8 Pritsche: 40.600 DM

Niederländischer MAN 845 L 1 Dreiachser mit Wechselaufbau

MAN F 8 mit Haller Zementsilo-Aufbau

die Maschine nach dem geräuschreduzierenden und sparsameren M-Verfahren, jedoch weiterhin mit Turbo.
Vorreiter einer komplett neu gestalteten Lastwagenfamilie war die 1955 vorgestellte Programmergänzung am unteren Ende der Nutzlastpalette. Der neue 4 Tonner 400 L 1 besaß ein

MAN 1070 H Exportmodell von 1961

modern gezeichnetes Fahrerhaus mit einteiliger Panoramawindschutzscheibe und großzügiger Verglasung auch im rückwärtigen Bereich. Die Kurzhaube mit nur noch angedeuteten Kotflügeln entsprach mehr dem Zeitgeschmack als die mittlerweile antiquiert wirkenden Eckhauber der schwereren Klassen. Nach und nach wurden alle Baureihen mit der modernen Kabine ausgestattet. Ab 1959 gab es auch eine wuchtigere, aber optisch ähnliche Konstruktion für die schweren Modellreihen. Anstelle der trapezförmigen Radausschnitte besaßen diese runde Ausführungen mit Kotflügelandeutungen. Modern, aber zeitlos war die Konzeption. Auch als 1970 die bislang nur im oberen Bereich zu öffnende Kurzhaube durch ein komplett nach oben klappendes Bauteil ersetzt wurde, behielten die MAN-Techniker das Grund-Design bei, und noch heute besitzen MAN-Haubenwagen im Prinzip dieselbe Schnauze wie ihre Brüder aus den fünfziger und sechziger Jahren.

MAN 1580 DH Betonmischer

MAN 415 L 1 und L 1 F von 1961

MAN 13.230 HS mit Blumhardt Kipper-Auflieger

Anfängliche Frontlenker-Konstruktionen von MAN wirkten noch sehr unbeholfen. In der Regel überließ man die Umbauten lieber spezialisierten Karosseriebau-Unternehmen. Die neue Kabinenkonstruktion der Mittelklasse-Lastwagen war jedoch im Baukastensystem in vielen Bauteilen sowohl für Frontlenker als auch für Kurzhauber zu verwenden. Entsprechend präsentierte MAN zusammen mit dem 4 Tonner-Haubenwagen auch eine nutzraumökonomischere Version ohne vorstehende Schnauze. Fernverkehrsunternehmer mußten jedoch noch bis 1960 warten, bis MAN auch in der schweren Klasse eine Frontlenker-Ausführung anbot. Dieses aufgrund seiner etwas breiten Erscheinung scherzhaft auch „Pausbacke“ genannte Fahrerhaus war zunächst fest auf dem Rahmen montiert, wurde 1965 aber überarbeitet und zu einer kippbaren Einheit umkonstruiert.

MAN 26.240 DHAK mit neuer Haube

MAN 15.240 HS beim Transport eines halben Hauses in Australien

Bachert Löschfahrzeug LF 16 auf MAN 450 H

MAN 10.210 T.L 1 F (1960-63)

MAN 10.212 FS mit Großraumfahrerhaus

Die neuen Kurzhauber und Frontlenker liefen bereits im neuen Werk München vom Band. MAN hatte in Allach vor den Toren der bayrischen Landeshauptstadt ein ehemaliges Flugmotorenwerk der Bayerischen Motoren Werke erworben. Es war im Kriege fast unzerstört geblieben und von den amerikanischen Besatzungstruppen als Fahrzeug-Instandsetzungs-Werkstatt genutzt worden. Als diese es nicht mehr benötigten, hatte BMW mit seinem noch relativ schmalen Programm an Personenwagen und Motorrädern keine Verwendung für die Hallen, brauchte aber dringend Geld für anstehende Sanierungsmaßnahmen. MAN hingegen benötigte dringend Kapazitäten für das sich ausweitende Angebot an Lastwagen, Omnibussen und Ackerschleppern. So verkaufte BMW das Gelände an MAN. Am 11. November 1955 verließ der erste MAN-Lastwagen die Münchener Bänder. Allein der Fahrzeugmotorenbau einschließlich seiner Abteilungen Konstruktion, Versuch und Forschung blieb in Nürnberg.

Gemeinsam mit der französischen Firma Saviem entwickelte MAN eine moderne, kantig gezeichnete Kabine. Die intern F 8 genannte, kippbare Konstruktion wurde ab 1967 als Großraumfahrerhaus mit Klappliege, als Kurzkabine und als extrakurze Ausführung angeboten. Das Kooperationsabkommen mit dem französischen Partner sah die Lieferung von Fahrerhaus-Preßteilen durch die Renault-Tochter an MAN vor, während die Bayern Motoren und Hinterachsen für

MAN 13.230 FS aus der F 8-Serie mit Schmitz-Auflieger

identische Saviem-Modelle aus dem Werk Blainville fertigten. Gleichzeitig bezog MAN zur Abrundung des Angebots nach unten hin Saviem-Leichtlastwagen und -Transporter, die unter der Markenbezeichnung MAN auf dem deutschen Markt abgesetzt wurden. Umgekehrt verkauften die Franzosen MAN-Haubenwagen unter ihrem Namen auf dem Heimmarkt. 1968 stieg die MAN-Muttergesellschaft Gutehoffnungshütte bei dem Braunschweiger Nutzfahrzeughersteller Büssing ein. In der Folge ergab sich eine Kooperation beider Firmen, die zu einer endgültigen Übernahme

MAN 22.280 FN mit Nachlaufachse

von Büssing durch MAN im Jahre 1972 führte. Fernverkehrs- und Verteilerlastwagen in der Büssing-typischen Unterflurmotor-Bauweise wurden zunächst weitgehend unverändert als „MAN-Büssing" weitergeführt, doch bald wurden auch diesen die MAN-Fahrerhäuser übergestülpt. Als Konzession an das Traditionsbewußtsein der Braunschweiger Techniker und vieler alter Kunden setzte MAN den Büssing-Löwen unter das MAN-Logo auf die Fronten der Unterflur-Lastwagen. Heute führen alle Fahrzeuge der Marke MAN dieses Kombi-Zeichen.

MAN 12.170 aus der Mittelklasse-Reihe

1971 vereinbarte MAN mit dem schärfsten Konkurrenten auf dem Nutzfahrzeugmarkt, der Stuttgarter Firma Daimler-Benz, eine Arbeitsteilung bei der Entwicklung bestimmter Antriebs-Komponenten wie Achsen und Motoren. Eine weitere Zusammenarbeit ließ die Öffentlichkeit zur IAA 1979 aufhorchen. In der Folge erschien eine Gemeinschaftsbaureihe von VW und MAN, die das leichte Transporter-Programm von Volkswagen nach oben erweiterte und das MAN-Angebot nach unten hin ergänzte. In Exportmärkten boten die Partner komplette Nutzfahrzeugpaletten in allen Gewichtsklassen an.

MAN 12.170 mit Nachlaufachse

MAN-VW 8.136 mit Aufbau von Rose, Dortmund

Das Jahr 1986 markierte den Beginn eines neuen Abschnittes in der Geschichte des MAN-Lastwagenbaus. Die schwere Baureihe F 90 erschien mit einer komplett neu entworfenen

MAN 30.240 VF 8x4 mit Stetter Betonmischer

Kabine, die zwar eine Familienähnlichkeit mit dem bisherigen F 8-Haus erkennen, das gesamte Design jedoch entscheidend moderner wirken ließ. Unter dem Blech kamen nunmehr Motoren der ab 1985 vorgestellten D 28-Reihe zum Einsatz, als Fünf- oder Sechszylinder-Reihenmotoren oder als Zehnzylinder-Diesel in V-Form. Sukzessive lösten die F 90-Modelle ihre Vorgänger ab. Als letztes wurden die Vierachser der F 8-Reihe ersetzt. Für

MAN-VW 8.136 FAE Allrad Katastrophenschutz-Rüstwagen

Märkte, in denen diese Ausstattung zugelassen ist, bietet MAN sogar Fünfachser aus der F 90-Serie. Schwerlastzugmaschinen und andere Spezialfahrzeuge mit der neuen Kabine kommen von der österreichischen Tochter ÖAF-Gräf & Stift.

In der Mittelklasse stellte MAN 1988 die Baureihe M 90 vor. Bei dieser war es den Designern gelungen, eine den Fernverkehrsfahrzeugen angeglichene Kabine für den Verteilerverkehr zu adoptieren und so eine sofortige Markenidentifikation zu erreichen. Auch der Lieferfahrer im wenig imageträchtigen innerstädtischen Verteilerverkehr

MAN 27.365 VFAEG 8x8 als Flugplatzlöschfahrzeug FLF 60/90 des Flughafens Bremen

MAN 16.192 FAK Allrad mit Atlas Ladekran

MAN 32.361 DFS

MAN 12.192 aus der M 90-Reihe

kann sich so im Glanz der 500 und mehr PS starken Fernverkehrs-Flaggschiffe sonnen.
Ein lukrativer „Nebenverdienst“ erreichte MAN mit dem Auftrag auf

MAN 41.332 VFA 8 x 8 für 41 t Gesamtgewicht

Lieferung von allradgetriebenen geländegängigen 5 Tonner-Lastwagen für die neuaufgestellte Bundeswehr. Obwohl die Anfangsbestellung in dieser Klasse noch zwischen MAN und Daimler-Benz geteilt war, setzten sich die MAN 630 L 2 A durch und wurden zwischen 1958 und 1972 in einer Stückzahl von 29701 Exemplaren an die deutschen und andere Nato-Streitkräfte geliefert. Für die ab 1977 in Serie gegangene hochgeländegängige Nachfolgegeneration wurde MAN zum Generalunternehmer. Die aufwendig konzipierten Frontlenker-Modelle in 4 x 4-, 6 x 6- und 8 x 8-Konfigurationen meistern mit schraubengefederten Starrachsen fast jedes Gelände. Abgeleitet aus den Bundeswehr-Fahrzeugen, die mit luftgekühlten Deutz-Motoren ausgerüstet sind, bietet MAN Export-Modelle, u. a. für das amerikanische Heer, oder technisch vereinfachte zivile Version mit MAN-eigenen Antriebskomponenten.

MAN 630 L 2 A Großraumkrankenwagen

MAN 17.192 mit Kappler Getränke-Aufbau

MAN 25.422 FN 6x2 aus der F 90-Reihe mit Aufbau von Geidobler, Soyen

MAN 41.462 8x4 (460 PS) von 1989 mit Nooteboom-Anhänger für eine Nutzlast von bis zu 95 t

Mannesmann-Mulag 4 Tonner von 1915 mit Meiller Kipper

sich die Markenbezeichnung in „Mannesmann-Mulag". Das Produktionsprogramm umfaßte vor allem schwerere Fahrzeuge mit Nutzlasten zwischen 3,5 und 5 Tonnen. 1927 erschien noch ein neuer Fünftonner. Der 75 PS leistende Sechszylinder-Motor kam von Selve, da die eigene Motorenherstellung inzwischen aufgegeben war. Auch ein 100 PS-Maybach-Motor in dem 1928 vorgestellten 5 Tonner Mu 5 konnte den Untergang nicht mehr aufhalten. Noch im selben Jahr wurde die Fertigung in Aachen aufgegeben. Die Werkshallen wurden von Büssing übernommen.

Mannesmann-Mulag

Mannesmann-Mulag Motoren- und Lastwagen AG, Aachen (1913-28)

Die Scheibler Motoren-Industrie wurde 1899 gegründet und befaßte sich mit der Produktion von Nutzfahrzeugen aller Art. Waren es zunächst Lieferwagen und Hotelbusse, verlegte sich die Firma später auf Lastwagen bis zu 3 Tonnen Nutzlast. 1909 wurde das Unternehmen umgewandelt in die Motoren- und Lastwagen AG. Die Anfangsbuchstaben ergaben „Mulag", den Markennamen, unter dem die Lastwagen fortan verkauft wurden. Als 1913 die Mannesmann-Auto Co. GmbH hinzukam, änderte

Mannesmann-Mulag 3-4 Tonner mit Kettenantrieb

Im Fünftonner-Benz 5 K 3 von 1923 kam der erste Dieselmotor zum Einsatz.

Mercedes-Benz

Daimler-Benz AG, Stuttgart (1926-89)
Mercedes-Benz AG, Stuttgart (ab 1989)

Vor dem Hintergrund der wirtschaftlichen Schwierigkeiten in aller Welt hatten sich 1924 die beiden Automobilpioniere Daimler und Benz zu einer Interessengemeinschaft zusammengefunden. Diese mündete 1926 in den Zusammenschluß beider Un-

Mercedes LK 6500 (1935-37) mit 120 PS- oder 150 PS-Diesel

Mercedes L 5000 Fünftonner mit 100 PS-Vergasermotor von ca. 1930

ternehmen zur Daimler-Benz AG. Ab 1927 offerierten sie unter dem gemeinsamen Markennamen „Mercedes-Benz“ ein komplettes Nutzfahrzeugprogramm zwischen ein und fünf Tonnen Nutzlast, ab 1928 auch einen Dreiachser für 8,5 t Zuladung. Die Lastwagenproduktion wurde dabei im bisherigen Benz-Werk Gaggenau konzentriert. Zunehmende Nachfrage zwang jedoch schon 1936 zur Auslagerung von einem Teil der Fertigung in das Werk Mannheim. Auch die Werksanlagen in Berlin-Marienfelde aus dem Daimler-Erbe wurden für die Lastwagenherstellung reaktiviert. Da beide Firmen konkurrierende Diesel-Prinzipien bis zur Serienreife entwickelt hatten, dauerte es noch bis 1928, bis man dem von Benz favorisierten Vorkammer-Diesel den Vorrang gab. Fünftonner und ein Dreiachser-Modell wurden mit dem „Rohölmotor“ ausgestattet. Das Kürzel für die Dieselmotoren aus dem Stuttgarter Hause lautet noch heute OM, wohinter sich die Abkürzung für „Oel-Motor“ verbirgt. Der erste Leichtlastwagen mit Dieselantrieb war der 1932 erschienene Zweitonner L 2000.

Der Typenbegrenzungsplan der Reichsregierung wies der Daimler-Benz AG 1939 die Nutzlastklassen 3 t, 4,5 t und 6 t zu. Dennoch entwickelte man im Stammwerk Untertürkheim zusätzlich den 1,5 Tonner L 1500, der sich im Kriege vor allem als Mannschafts-

Leichtes Löschgruppenfahrzeug auf Mercedes L 1500 S (1941/42)

Mercedes LO 2000 mit 55 PS-Diesel (Aufbau: Spermann, Werne)

Kässbohrer-Aufbau auf Mercedes L 6500 mit 150 PS-Diesel

Anzeige von 1943

wagen und als Löschfahrzeug bewährte und bis in die fünfziger Jahre der Stolz manch einer freiwilligen Feuerwehr blieb. Das Selbstwertgefühl der württembergischen Techniker traf jedoch die Entscheidung des „Führers", den Mercedes-eigenen Dreitonner aufzugeben und an seiner Stelle den Opel Blitz 3 t im Werk Mannheim herzustellen. Dem untergeschobenen und ungeliebten „Kuckuck im Nest" blieb Zeit seines Lebens die höhere Weihe des Mercedes-Sterns auf der Haube versagt. Auch als nach dem Zusammenbruch der Dreitonner als L 701 noch bis 1949 von den Mannheimer Bändern lief, blieb er äußerlich namenlos.

Nach Kriegsende stand Daimler-Benz vor großen Problemen. Nicht allein, daß die Werke von schweren Bombentreffern gezeichnet waren, sondern sie lagen jetzt auch in unterschiedlichen Besatzungszonen, mit zunächst schwer überschreitbaren Grenzen dazwischen. Stuttgart und Mannheim

Mercedes LK 10000 mit 150 PS-Diesel von 1937 für den Straßendienst auf den Reichsautobahnen mit geteilter Meiller Kipp-Pritsche und integrierter Splitt-Streuvorrichtung hinter der Fahrerkabine

Mercedes L 5000 mit Kabine und Aufbau von Gebr. Wackenhut, Altensteig

waren unter amerikanischer Hoheit, Gaggenau hingegen war französisch und Berlin-Marienfelde lag völlig unerreichbar als Insel des Westens im russischen Einflußbereich.
Die Hannover Messe 1949 markierte den Neubeginn für die Daimler-Benz AG. Während der 4,5 Tonner L 4500 aus der Gaggenauer Fertigung im Prinzip ein Neuaufguß des bereits im Kriege in großer Stückzahl gefertigten Wehrmachts-Lastwagens war, stellte der in Hannover gezeigte L 3250 die erste Neukonstruktion der Stuttgarter dar. Der L 3250 und seine Abkömmlinge L 3500 (1950 wird die Nutzlast auf 3,5 t angehoben) und L 4500 wurden zu den meistverkauften Lastwagen im Wirtschaftswunder-Deutschland. Ab 1955 wurden sie in L 311 bzw. L 312 umbenannt und blieben bis 1961 im Angebot. Zunächst wird die Leistung des Sechszylinder-Diesels mit 90 PS angegeben, ab 1956 mit 100 PS.

Mercedes L 5000 mit Werkskabine

Dem Gaggenauer Fünftonner L 5000, technisch und optisch noch ein Kriegskind, stellt Daimler-Benz 1950 einen moderneren „großen Bruder“ zur Seite, den 6,6-Tonner L 6600. Der „Sechs-Sechser“ besitzt eine imposante breite Schnauze im Stil der eleganten Haubenbusse aus gleichem Hause. Die Kühlermaske läßt Vergleiche zur Repräsentations-Limousine 300, dem „Adenauer-Mercedes“, zu. Unter der Haube versieht ein 145 PS starker Sechszylinder-Reihendiesel seine schwere Arbeit. Noch sind zwei Anhänger im Fernverkehr für den bis zu

Mercedes L 311 mit Aufbau von Freudenau, Bielefeld

Metz TLF 16 Tanklöschfahrzeug von 1959 auf Mercedes LAF 311/36 mit aufgeladenem 115 PS-Diesel

22 m langen Lastzug zugelassen! 1954 ändert sich die Typbezeichnung in L 315 bei ansonsten gleichen Daten. Die Entscheidungsträger in Stuttgart hielten dic rundum aufkommende Frontlenker-Mode für einen sich bald wieder überholenden modischen Schnickschnack. Sie überließen die Umrüstung ihrer Fahrzeuge bei Bedarf den örtlichen Karosseriewerk-

Mercedes L 6600
(1950-54)

Motor
DB Typ OM 315
6 Zylinder-Diesel
wassergekühlt
145 PS bei 2100 U/min.
Hubraum 8276 ccm
Bohrung 112 mm
Hub 140 mm

Kraftübertragung
Einscheiben-Trockenkupplung
6 Gang-Getriebe

Fahrgestell
Fußbremse: Vierrad-Druckluft
Handbremse: mechanisch auf Hinterräder
Scheibenräder
Bereifung: 11.00-20

Maße
Radstand: 4600 mm/ 5200 mm
(Kipper 4600 mm, Sat. 3600 mm)
Spurweite vorn: 1890 mm
Spurweite hinten: 1755 mm
Länge: 8200 mm/ 9200 mm
(Kipper 7680 mm, Sat. 6175 mm)
Breite: 2500 mm
Höhe: 2480 mm

Gewichte
Zul. Gesamtgewicht: 12,5 t
(ab 1953: 13,25 t)
Nutzlast: 6,6 t (ab 1953: 7,2 t)

Fahrleistungen
Höchstgeschwindigkeit: 70 km/h
Kraftstoffverbrauch: 20 l/100 km

Preise (1950)
L 6600 Pritsche kurz: 27.500 DM
L 6600 Pritsche lang: 28.100 DM
L 6600 K Kipper: 30.400 DM

Mercedes LG 315 Allrad-5 Tonner der Bundeswehr mit Kofferaufbau von Thiele, Bremen

Mercedes L 6600 mit Ellinghaus Tankaufbau

Mercedes LA 6600 Sa Allrad-Sattelschlepper der französischen Besatzungstruppen in Deutschland

stätten, mit teilweise abenteuerlichen Ergebnissen, die dann mit dem Mercedes-Stern auf der steilen Front herumfuhren. Dies war den Oberen doch ein Dorn im Auge, so daß man parallel zum Haubenwagen L 315 ab 1954

Mercedes LPS 315 mit Schmitz Auflieger

Mercedes LP 329 (172 PS) mit Aufbau von T+A Schwietert, Beckum

Mercedes LPS 333 mit Ackermann Auflieger

einen Frontlenker anbot. Der LP 315 – das P stand in Anlehnung an die bequemen Schlafwagenzüge für Pullman-Kabine – wurde allerdings nicht mit einem eigenkonstruierten Haus ausgestattet, sondern man griff einfach auf eine bestehende Kabine der Firma Wackenhut zurück.
Ein Unikum aus der Wackenhut-Reihe ist der „Tatzelwurm" LP 333, ein Frontlenker mit einer angetriebenen Hinterachse und zwei gelenkten Vorderachsen. Das 1958 vorgestellte Fahrzeug ist das Ergebnis gesetzlicher Forderungen und der Versuche der Industrie, diese in betriebswirtschaftlich sinnvolle praktische Lösungen umzusetzen. Bei mehr als 9 t Nutzlast kann das Gesamtgewicht des LP 333 bis zu 16 t betragen. Zusammen mit einem gleichartigen Anhänger kann der Dreiachser bis 1960 mit einem Gesamt-Lastzuggewicht von 32 t gefahren werden. Eine hydraulische Lenkhilfe ist bei vier zu lenkenden Rädern unabdingbar. Bei der Sattelzugmaschine LPS 333 ist wegen der weiter hinten drückenden Hauptlast die zweite, lenkbare Achse direkt vor der Antriebsachse installiert. Nach Neuregelung der Maße und Gewichte wird 1961 der Tatzelwurm wieder aus dem Programm genommen.

Mercedes LP 333
(1958-61)

Motor
DB Typ OM 326
6 Zylinder-Diesel
wassergekühlt
200 PS bei 2200 U/min.
Hubraum 10809 ccm
Bohrung 128 mm
Hub 140 mm

Kraftübertragung
Einscheiben-Trockenkupplung
6 Gang-Getriebe

Fahrgestell
Fußbremse: Sechsrad-Druckluft
Handbremse: mechanisch auf Hinterräder
Motorbremse
Scheibenräder
Bereifung: 9.00-20 eHD verst.
(Sattelschl. 10.00-20 eHD)

Maße
Radstand: 1365+3835 mm
(Sat. 2100 + 1400 mm)
Spurweite vorn: 1887 mm
(Sat. 1865 mm)
Spurweite hinten: 1763 mm
(Sat. 1765 mm)
Länge: 8200 mm/ 7900 mm
(Sat. 5820 mm)
Breite: 2400 mm
Höhe: 2780 mm

Gewichte
Zul. Gesamtgewicht: 16 t
Nutzlast: 9,2 t

Fahrleistungen
Höchstgeschwindigkeit: 92 km/h
Kraftstoffverbrauch: 24 l/100 km

Preise (1959)
LP 333 Pritsche: 44.650 DM

Mercedes LP 333 mit Schwalbennest-Kabine und Aufbau von Hall, Köln

Mercedes L 911 (ab 1967) mit großer Frontscheibe

der 6 Tonner eine über die gesamte Fahrzeugbreite gezogene Frontklappe, ein ovales Grill im Stil der SL-Sportwagen aus demselben Hause und eine großflächige einteilige Frontscheibe. Aus diesem Ursprungsmodell entwickelte sich eine ganze Generation von Kurzhaubermodellen, die mit geringfügigen Änderungen für besondere Zwecke, vor allem für Exportmärkte noch heute gebaut werden. Auch die schweren Haubenwagen wurden nach und nach der neuen Karos-

1959 überraschte eine neue Kurzhauber-Baureihe die potentiellen Daimler-Benz-Kunden. Keine hoch aufragende Kühlermaske, keine frei stehenden Kotflügel mit aufgesetzten Scheinwerfern mehr. Vielmehr zeigte

Mercedes LS 338 (172 PS) mit Tankauflieger von Strüver, Hamburg

Mercedes LAK 1623 Allradkipper mit 230 PS

Mercedes LB 2220 6 x 4 Betonmischer (202 PS)

serieform angeglichen. Die stärkeren Maschinen erforderten jedoch einen längeren vorderen Überhang, so daß sie ein noch bulligeres Aussehen erhielten. Die 1958 vorgestellten Typen L 322, L 327 und L 337 wurden zu Stammvätern einer kaum überschaubaren Modellfamilie von Kurz- und Langhaubern in verschiedensten Variationen, mit Hinterrad- oder Allradantrieb, als Zwei- oder Dreiachser, als Pritschenwagen, Kipper, Sattelzugmaschinen oder als Sonderfahrgestelle, jeweils mit Spezialausführungen für Feuerwehrfahrzeuge oder für Betonmischer.

Zu dieser Baureihe passend entwickelte Daimler-Benz auch neue Frontlenker-Kabinen, die sich stilistisch an die Pullman-Fahrerhäuser der Wakkenhut-Konstruktionen anlehnten, mit einteiliger Frontscheibe aber moderner aussahen.

Mercedes LP 710 (1963-68)

Mercedes L 323 (Aufbau: Schölch, Kassel)

Mercedes LP 1413 mit Ackermann-Aufbau

Komplett neue Frontlenker mit funktional konzipierten kubischen Kabinen ersetzten ab 1963 die biederen rundlichen Häuser der LP-Baureihen. Erstes Modell der neuen Generation war der Fernverkehrswagen LP 1620 mit 202 PS leistendem Sechszylinder-Diesel. Die behutsamen Kaufleute aus dem Stuttgarter Konzern wollten trotz absoluter Neukonstruktion nicht das Wagnis einer kippbaren Kabine eingehen. Um dennoch für die tägliche Wartungsarbeit nicht ständig die Motorverkleidung im Innern öffnen zu müssen und damit Ölgerüche und Schmutz in den "Wohnraum" des Fahrers einzulassen, tüftelten sie ein ausgeklügeltes System von Klappen

Schörling Turmwagen mit Schienenfahreinrichtung auf Mercedes LP

Mercedes LP 810 (1965-66)

Mercedes LP 1418 mit 185 PS

Mercedes LPK 2223 6x4 Dreiseitenkipper

und Kläppchen aus, durch das alle Routinekontrollen durchgeführt werden konnten. Erst 1969 hielt das erste kippbare Fahrerhaus Einzug bei Daimler-Benz-Fahrzeugen. Im Rahmen der Umstellung auf die neuen, 320 PS leistenden V 10-Direkteinspritzer in den Baureihen LP 1632 und den Dreiachsern LPS 2032 und LP 2232 spendierten die Techniker auch eine neue, wartungsfreundlichere Kabinenversion.

Auch die mittelschwere LP-Baureihe erhielt, allerdings erst zwei Jahre später, anläßlich der IAA 1965 die neue kubische Kabine. Durch die tiefe Anordnung des Motors, fast als Unterbodenmotor, boten die neuen Vertei-

Mercedes LPS 1632 mit Kippkabine und V 10-Zylinder mit 320 PS (Auflieger: Tapper, Ratingen)

Mercedes LPS 2023 mit zwei gelenkten Achsen

ler-Lastwagen einen für Frontlenker ungewöhnlich großen Innenraum. Allein ein 15 cm hohes Podest vor dem Mittelsitz erinnerte an das Vorhandensein einer Maschine.
Ohne direkten Vorgänger erblickte zu Beginn des Jahres 1965 eine komplett neue leichte Baureihe das Licht der Welt. Zunächst beschränkte sich das Angebot auf den Typ LP 608, der, wie das ab 1963 eingeführte neue Mercedes-Typenbezeichungs-Schema aussagte, ein zulässiges Gesamtgewicht

Mercedes LP 608

von etwa 6 t (genau gesagt 5,99 t) und eine Motorleistung von 80 PS besaß. Auch die Frontlenker-Kabine der leichten Lastwagen paßte harmonisch in die Familie der neuen kubischen Formgebungen.
1965 gesellte sich zu den bestehenden Werken des Daimler-Benz-Konzerns das neu errichtete Werk Wörth. Nach und nach wurde die Lastwagenfertigung in dieser speziell für diese Zwecke konzipierten Anlage konzentriert.
Als 1972 die Werke der ehemaligen Rheinstahl-Unternehmen Hanomag und Henschel in den Konzern inte-

Mercedes LAPK 1632 Allradkipper mit Henschel-Fahrerhaus

Mercedes 1617 K mit Georg Absetzkipper

griert wurden, blieb Kassel noch eine Weile Produktionsstandort für Nutzfahrzeuge. Vor allem die hauptsächlich für den Export bestimmten Kurzhauber fanden von dort den Weg in alle Teile der Welt, bis sich das hessische Werk voll auf die Herstellung von Achsen spezialisierte. Aus dem Henschel-Erbe übernahm die Stuttgarter Mutter zwei-und dreiachsige Allrad-Frontlenker, Modellreihen also, die zu diesem Zeitpunkt im Programm von Daimler-Benz noch fehlten. Die Kipper-Typen LAPK 1632 und LAPK 2632 sowie die Allrad-Sattelzugmaschinen LAPS 1632 besaßen noch die Henschel-Kabine, zeigten aber den Mercedes-Stern auf der Front. Der als V 10-Maschine ausgelegte Direkteinspritzer-Diesel mit 320 PS war jedoch eine Daimler-Benz-Entwicklung, ebenso wie sie auch schon bei den letzten noch unter dem Hanomag-Henschel-Namen verkauften Typen F 163 bzw. F 263 eingebaut war.

„Die Neue Generation" – unter diesem Titel traten komplett neu entwickelte Lastwagen aus dem Werk Wörth ab 1973 auf den Plan. Behutsam gingen die Marketing-Strategen vor. Ebenso wie bei der Einführung der kubischen Kabine in den sechziger Jahren erschienen nicht alle Baureihen auf einmal. Über mehrere Jahre hinweg liefen alte und neue Kabinen noch parallel weiter. Den Vorreiter bildeten Baufahrzeuge, schwere Kipper für 16 – 17 t Gesamtgewicht als Zweiachser oder als Dreiachser für 26 t. Für

Ziegler TLF 16/25 auf Mercedes 1019 AF (192 PS)

Mercedes 3028 B 8 x 4 mit Stetter Betonmischer

beide Varianten gab es auch allradgetriebene Ausführungen. Ab 1974 kamen Fernverkehrsfahrzeuge hinzu mit 192, 256 oder 320 PS Motorleistung. Wie in einem Kooperationsabkommen mit MAN festgelegt, beschränkten sich die Mercedes-Techniker auf V-Anordnungen der Zylinder, entweder als sechs-, acht- oder als zehntöpfige Einheiten, während sich MAN auf Reihenmaschinen spezialisierte. 1975 wurde das Programm erweitert um Mittelklassewagen mit 10 t, 12 t oder 14 t Gesamtgewicht. Allen gemeinsam war die neue kippbare Kabinengeneration, die in kurzer oder langer Ausführung, ab 1977 auch in einer mittellangen Version lieferbar war. Ein 1980 hinzugekommenes, verbreitertes Großraumfahrerhaus blieb zunächst den Spitzenmodellen 1633 und 1638 mit 330 PS bzw. 375 PS starken V 8-Maschinen vorbehalten, fand später aber auch Verwendung auf anderen Fernverkehrswagen.
Ein neu entwickeltes Schwer-Lkw-Programm wurde 1988 präsentiert. Mit neuen Motoren, neu konstruier-

Putzmeister Betonpumpe auf Mercedes 3535

Mercedes 2632 AS Allrad Exportmodell mit Haller-Auflieger

Mercedes 1644 S (Auflieger: Ackermann-Fruehauf)

Mercedes 2226 6 x 2 mit Nachlaufachse (Aufbau: Ackermann-Fruehauf)

Mercedes 1722 mit Vorlaufachse

Mercedes 5035 10 x 8 Kipper mit 350 PS für den Einsatz in den Niederlanden

ten Getrieben und optimierten Fahrgestellen erschien die neue SK-Reihe, die „Schwere Klasse“ von Mercedes-Benz. Äußerlich erkannte man die neuen Fahrzeuge erst auf den zweiten Blick. Das Gesicht der Kabinen war den Vorgängern verblüffend ähnlich, es handelte sich eigentlich nur um eine äußerliche und auch innerliche Überarbeitung der bereit seit 1973 bekannten Fahrerhäuser. Ein über die gesamte Breite gehender, mattschwarzer Grill ließ das Fahrzeug jedoch wuchtiger erscheinen. Die seitliche Fensterlinie verlief jetzt schräg nach vorn. Zusätzlich zu den vier Fahrerhaus-Versionen kurz, mittel, lang und Großraum gab es einen Topsleeper ab Werk, eine kurze Kabine mit oben aufgesetztem Schlafabteil. Diese Variante wurde notwendig für die immer populärer werdenden Großvolumenzüge, bei denen kein Zentimeter an Ladelänge verschenkt werden durfte.

Mercedes 1722 mit Getränkeaufbau von Rose, Dortmund

Neu war der aufgeladene und ladeluftgekühlte V 6-Diesel mit 330 PS, der aufgrund seiner gedrungenen Bauweise unter jedes Fahrerhaus paßte, selbst unter das kürzeste. Die stärkste Maschine war der 480 PS-Achtzylinder im SK-Typ 1748. 1992 lag die

Mercedes 2435 6 x 2 mit Schmitz Ferroplast-Aufbau

Mercedes 914 mit Aufbau von Gross, Ulm

Leistungsspitze in der Schweren Klasse bereits bei 503 PS für den V 8-Motor. Während die schweren und mittelschweren Fahrzeuge inzwischen eine kippbare Kabine besaßen, war in der leichten LP-Klasse das Haus immer noch fest auf dem Rahmen montiert. 1977 brachte eine Änderung der Frontgestaltung mit schwarzem Kunststoffgrill und Verlegung der Scheinwerfer in die Stoßstangen, doch es dauerte noch bis 1984, bis das in seinen Grundzügen aus den sechziger Jahren stammende Design durch ein neues Kippfahrerhaus abgelöst wurde. Die LN 2 genannte Mittelklasse-Baureihe erschien zunächst als 709, 809 und 814 in der Gesamtgewichtsklasse von 7 bis 8 t und 90 bzw. 136 PS. Später wurde die Palette ausgedehnt bis zu 15 t Gesamtgewicht und 240 PS.
Zum 1. Juli 1989 ergab sich eine Änderung in der Unternehmensstruktur des Daimler-Benz-Konzerns. Da sich die Gruppe inzwischen u. a. in die Bereiche der Haushaltsgerätefertigung (AEG) und Luftfahrtindustrie (Deutsche Aerospace) ausgedehnt hatte, wurde als hundertprozentige Tochter die neue Mercedes-Benz AG geschaffen, die sich auf den traditionell gepflegten Automobilbau konzentrieren sollte. 1990 produzierte die Mercedes-Benz AG weltweit ca. 259 000 Nutzfahrzeuge über 2,5 t. Werke in Brasilien, Argentinien, Mexiko, in Südafrika, Saudi-Arabien, Ägypten, der Türkei

Mercedes 1520 mit 211 PS (Schwenkwand-Aufbau von Fahnenbruck, Voerde)

Mercedes 817 mit Großraumfahrerhaus

Mercedes Unimog U 1300 L Rüstwagen (Aufbau: Wackenhut, Nagold)

und in Spanien und Montagebetriebe in vielen Ländern der Welt fertigen heute Mercedes-Lastwagen und -Omnibusse. 1980 erwarb Daimler-Benz eine Beteiligung an der Schweizer Firma FBW. Diese wurde 1983 vereinigt mit dem ebenfalls in den Konzern aufgenommenen Schweizer Unternehmen Saurer. So entstanden die NAW (Nutzfahrzeugwerke Arbon-Wetzikon). Die NAW entwickelten sich zum Spezialisten für besondere Konstruktionsaufgaben und Kleinserien im weltweiten Verbund, u.a. für vier- oder fünfachsige Fahrgestelle und Schwerstlastzugmaschinen. Eine eigenständige Fertigung von Mercedes-Lastwagen in den USA unter Verwendung von Teilelieferungen aus dem brasilianischen Werk verlief nicht zufriedenstellend und wurde daher wieder aufgegeben. Der Einstieg bei dem amerikanischen Schwerlastwagenhersteller Freightliner entwickelte sich hingegen zu einem Erfolg.

Mercedes Unimog S 404 Krankenkraftwagen der Bundeswehr

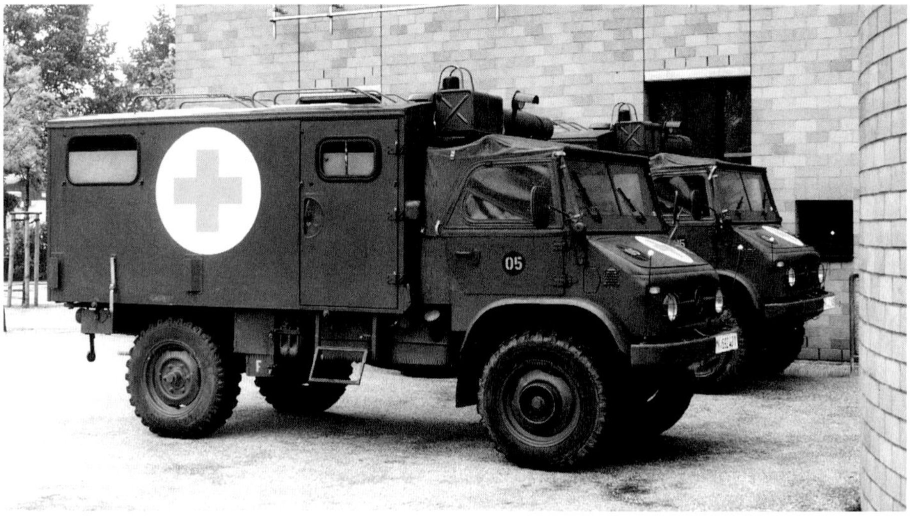

Metz TLF 16/25 in neuer Formgebung von 1988 auf Mercedes 1120 AF

NAG

Neue Automobil GmbH, Berlin (1903-12)
Neue Automobil AG, Berlin (1912-15)
Nationale Automobil AG, Berlin (1915-26)
NAG-Protos AG, Berlin (1926-30)

Die Neue Automobil-Gesellschaft wurde 1901 in Berlin als Tochter der AEG gegründet und baute zunächst einen Kleinwagen mit 4-5 PS-Einzylindermotor. 1903 erwarb die NAG den ebenfalls in Berlin ansässigen Kühlstein Wagenbau und übernahm dessen Konstruktion des ersten Automobillastzuges der Welt. Der Zugwagen mit 50 PS-Spiritus-Motor schleppte zwei Anhänger. Gedacht war die Kombination mit einer Nutzlast von 20

NAG 5,5 Tonner von 1911

Tonnen vor allem für die damals noch existierenden deutschen Kolonien in Afrika.
Da sich die Antriebsketten bei schweren Lastwagen extrem schnell verschlissen, wurde die NAG zum Vorreiter des Kardanantriebs. Dieser bewährte sich so gut, daß die Allgemeine Berliner Omnibus-AG ihren gesamten Fuhr-

NAG von ca. 1930

park auf die ab 1909 angebotenen kardangetriebenen NAG-Busse umstellte. Vor dem Ersten Weltkrieg konzentrierte sich NAG auf die Fertigung der standardisierten Subventions-Lastwagen. Während der Kriegszeit verlegte man sich voll auf die Rüstungsproduktion.
Ausgehend von zwei Lastwagentypen nach dem Friedensschluß breitete sich in den zwanziger Jahren die Produktionspalette auf ein vielfältiges Nutzfahrzeugprogramm aus, bis hin zu Dreiachsern mit 10 t Nutzlast. Die Erfolge im Pkw- und Lkw-Bereich erforderten eine Ausweitung der Produktionskapazitäten. So wurde die Protos Automobile GmbH in Berlin-Reinickendorf übernommen. 1927 kamen die Prestowerke in Chemnitz hinzu. Diese brachten zusammen mit dem Leipziger Dux-Werk einen erfolgreichen 1,5 t-Schnellaster mit Vierzylinder-Motor mit in die Ehe. Er ergänzte in idealer Weise das bei 2,5 t Nutzlast beginnende NAG-Nutzfahrzeugprogramm.
Mit Beginn des Jahres 1931 brachte die NAG ihre Nutzfahrzeugaktivitäten in die neugegründete Büssing-NAG Vereinigte Nutzkraftwagen AG ein, in der Büssing die Führung übernahm. Die vorerst noch weiterlaufende Personenwagen-Fertigung bei NAG wurde 1934 aufgegeben.

NAG 4-5 Tonner von etwa 1925

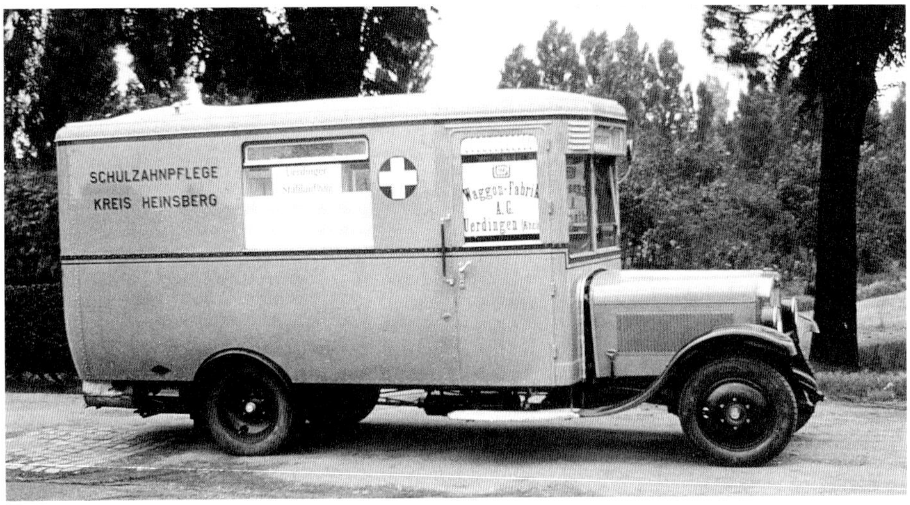

Rollende Schulzahnklinik mit Stahlaufbau der Waggonfabrik Uerdingen und Ausrüstung von Miesen auf Opel Blitz 2 t von 1931

Opel

Adam Opel KG, Rüsselsheim (1907-28)
Adam Opel AG, Rüsselsheim (1928-75)

Adam Opel begann 1868 mit der Herstellung von Nähmaschinen in dem kleinen Ort Rüsselsheim in der Nähe von Frankfurt. 1886 gesellten sich Fahrräder hinzu. Als erstes Automobil wurde 1899 der 3,5 PS-Patent-Motorwagen nach System Lutzmann vorgestellt. Erste Nutzfahrzeuge, Liefer- und Lastwagen sowie skurrile Reklameaufbauten, erschienen ab 1907 als Ableitungen von Personenwagen-Modellen. Die erste eigenständige Lastwagenkonstruktion war der Prototyp eines Dreitonners im Jahre 1910. In Vorbereitung auf eine kriegerische Auseinandersetzung subventionierte die Reichsregierung Lastwagen, die sich für militärische Aufgaben eignen würden. So brauchte sich Opel über den Absatz ihrer standardisierten 30 PS-„Regel-Lastwagen" mit 3,5 t Nutzlast keine Sorgen zu machen. Während des Ersten Weltkrieges verließen etwa 4400 3,5- und 4,5-Tonner

Opel Blitz 2 1/2 t Modell 1935

die Rüsselsheimer Werkshallen. Auch die Nachkriegsproduktion griff auf die bewährten Konstruktionen zurück. Die deutschen Verkaufsniederlassungen amerikanischer Firmen sahen sich zum Ende der zwanziger Jahre verstärkt mit nationalistischen Parolen konfrontiert. Deutsche Kunden sollten deutsche Autos kaufen. Ford reagierte durch Aufbau einer neuen Fabrik. General Motors hingegen sicherte sich 1928 einen achtzigprozentigen Anteil an dem deutschen Hersteller Opel, den sie 1931 auf 100% aufstockten. Die amerikanische Einflußnahme führte sofort zu einer Rationalisierung des Opel-Programmes. Im Lastwagenbereich sollte ein nach amerikanischen Prinzipien neuentwikkelter Zweitonner den Durchbruch bringen. Der 3,5 Liter-Sechszylinder-Motor war ein bewährtes Aggregat aus dem Personenwagenmodell „Marquette" der GM-Marke Buick. Da dessen Produktion in den USA ausgelaufen war, wurden die Werkzeuganlagen für die Motorenfertigung einfach komplett nach Rüsselsheim verschifft. Was für den robusten Lastwagen nur noch fehlte, war ein zündender, deutsch klingender Name. Diesen fand man in einem 1930 gestarteten Preisausschreiben. Aus 1,5 Millionen Einsendungen wurde der einprägsame Name „Blitz" ausgewählt. Als 2,5 Tonner kam der Blitz 1931 auf den deutschen Markt.

Opel Blitz 1 Tonner mit Aufbau von Niermann, Bad Bentheim

Während die Kabine des Ursprungs-Blitz mit der steil stehenden Frontscheibe noch den Geist der zwanziger Jahre ausstrahlte, war die Linienführung der 1935 erscheinenden neuen Fahrerhäuser bedeutend eleganter. Während die kantige Haube später nochmals überarbeitet wurde, blieb die Kabine im Prinzip bis in die fünfziger Jahre unverändert.
Welch hohen Wert die amerikanische Mutter dem Lastwagenbau bei der

Opel Blitz 2 1/2 t Modell 1935 mit Aufbau von Thiele, Bremen

deutschen Tochter zumaß, zeigte sich 1935. In Brandenburg wurde der Grundstein gelegt für die größte und modernste Nutzfahrzeugfabrik Europas. In nur 190 Tagen Bauzeit wurde das neue Werk fertiggestellt. Die gesamte Lastwagenproduktion wurde von Rüsselsheim nach Brandenburg verlegt. Ein umfangreiches Fließbandsystem konnte bis zu 150 Fahrzeuge pro Tag ausstoßen.
Den 2- und 2,5-Tonner-Blitzen wurde 1936 ein neuer Dreitonner zur Seite gestellt. Zunächst kam der bewährte 3,5 Liter-Marquette-Motor zum Einsatz. 1937 wurde dieser durch einen kurzhubigen 3,6 Liter-Sechszylinder ersetzt, der auch im Personenwagen „Admiral" eingebaut wurde. Der Dreitonner wurde zum Opel-Erfolgsmodell schlechthin. Als „S"-Version genoß er die besondere finanzielle Förderung durch den Reichsverkehrsminister. Die Kunden, die jedoch bald ihre Fahrzeuge der Wehrmacht „zur Verfügung stellen" mußten, erhielten eine Steuervergünstigung. Zwischen 1936 und 1944 wurden etwa 130 000 Blitz 3 t gebaut. Selbst Daimler-Benz und Borgward wurden durch Führerbefehl zur Übernahme der Blitz-Produktion verpflichtet. Auf Wunsch der Wehrmacht entwickelte Opel eine Allrad-Version des Dreitonners, die ab 1940 als Typ 6700 A produziert wurde. Für die Schlammpisten Rußlands forderte das Militär die Umrüstung des zuverlässigen Blitz-Fahrgestells zum Halbkettenfahrzeug. Die Hinterachse der sog. „Maultiere" war dabei durch ein Gleiskettenlaufwerk ersetzt. Was nach gezielten Fliegerangriffen von dem Brandenburger Lastwagenwerk nach Kriegsende noch übrig war, wurde von den sowjetischen Besatzungstruppen demontiert und in die russische Heimat geschickt. An eine Weiterführung der Produktion war nicht zu denken. Dennoch lebte der robuste Dreitonner weiter, allerdings nicht bei seinen Eltern, sondern bei Daimler-Benz, wo er noch bis 1949 als Typ L 701 weiterproduziert wurde. Erst als die Stuttgarter einen eigenen Lastwagen in dieser Klasse anbieten konnten, übernahm Opel die Restbestände und verkaufte zwischen

Opel Blitz 3 t mit Tankaufbau von Haller, Stuttgart

Opel Blitz 1,5 t (Aufbau: Niermann, Bad Bentheim)

Opel Blitz 1,75 t mit Kässbohrer-Aufbau

Opel Blitz 1,9 t (1959-65) mit Kässbohrer-Auflieger

1950 und 1954 nochmals insgesamt 467 Stück unter dem alten Namen „Opel Blitz", darunter eine große Zahl von Niederrahmenfahrgestellen für Busaufbauten.
Bereits 1938 war ein neuer, modernisierter Eintonner-Blitz mit dem 37 PS-Vierzylinder-Motor des Olympia-Personenwagens präsentiert worden. Er wirkte wie eine verkleinerte Ausführung des bewährten Dreitonners. Lange konnte sich Opel dieser Neukonstruktion jedoch nicht erfreuen. 1940 mußte im Rahmen der Typbereinigung die Fertigung wieder eingestellt werden. Ebenfalls 1938 kam als Ersatz für die ausgelaufenen 2-2,5 Tonner ein 1,5 Tonner-Schnellastwagen. Äußerlich weitgehend dem Eintonner gleich, unterschied er sich durch einen längeren Radstand und vor allem durch die zwillingsbereifte Hinterachse. Auch bei diesem fand ein benzingetriebener Motor aus dem Pkw-Bereich Verwendung, nämlich der Sechszylinder aus dem „Super 6" bzw. später aus dem „Kapitän". Da der 1,5 Tonner im Werk Rüsselsheim hergestellt wurde, konnte dieses Modell nach dem Kriege zum Grundstein eines Neubeginns werden. Ab Juli 1946 lief die Produktion des Blitz 1,5 t in Rüsselsheim wieder an. Mit 55 PS leistendem Sechszylinder-Motor blieb er bis 1952 im Angebot.
Dem 1952 präsentierten neuen Opel Blitz 1,75 t merkte man den stilistischen Einfluß der amerikanischen Konzernmutter an. Die weich fließenden Formen der Haube und der eindrucksvolle Grill mit breiten waagerechten Chrombalken erinnerten an die US-Lastwagen aus dem Hause General Motors. Während bei Hanomag oder Borgward zu dieser Zeit bereits sparsame Dieselmotoren zum Standard gehörten, beharrte Opel weiterhin auf die aus dem Personenwagenbau übernommenen Sechszylinder-Benzinmotoren mit 58 PS (ab 1955: 62 PS). Oft sah man auch die Blitz 1,75 t mit Treibgasflaschen unterhalb der Ladefläche. Mit der bereits ab Werk eingebauten Anlage konnte sich die Wirtschaftlichkeit um bis zu 25% erhöhen.
Der 1,75 Tonner-Blitz wurde zum letzten richtigen Erfolgsmodell im Opel-Lastwagen-Programm. Immer stärker wurde der Ruf der Kundschaft nach einem Dieselmotor. Doch auch der 1959 vorgestellte Nachfolger in der Blitz-Reihe ließ diese Antriebsalternative vermissen. Die Opel-Konstrukteure hatten erkannt, daß die lange Schnauze der Vormodelle im immer enger werdenden innerstädtischen Verkehr nicht mehr zeitgemäß war. Zu einer echten Frontlenker-Konstruktion mit überbauter Maschine konnten sie sich allerdings auch nicht entschließen. So zeigte der neue, auf 1,9 t Nutzlast gebrachte Blitz eine schräg nach vorn abfallende Kurzhaube. Der überarbeitete 2,6 Liter-Motor leistete jetzt 70 PS. Zunächst beschränkte sich die Baureihe auf einen eleganten Ganzstahlkastenwagen, während die Pritschenausführung noch die alte Langhaubenform behielt. Ab 1960 wurde der neue 1,9 Tonner dann in einer Vielzahl von Kurzhauber-Varianten angeboten.
1965 unterzog Opel den treuen Blitz einer nochmaligen Nasenoperation. Die neue, kantiger gestaltete Schnauze gab ihm ein bulligeres, lastwagenhafteres Aussehen. Gar nicht lastwagenhaft war aber, daß immer noch ein Vergasermotor zum Einsatz kam. Anstelle der Sechszylinder-Maschine aus dem Kapitän mit 2,6 Litern Hubraum kam der neue, aus dem Rekord entlehnte Vierzylinder mit 1,9 Litern Zylinderinhalt aus, um die gleiche Leistung von 70 PS zu erbringen. Immer weiter gingen die Zulassungszahlen der Opel-Lastwagen zurück. Erst 1968 kam endlich die langerwartete Diesel-Variante. Aus Kostengründen verzichtete man auf eine Eigenentwicklung, obwohl man eine solche später für den Pkw-Bereich parat

Opel Blitz 2,1 t (1965-75) mit Aufbau von Spermann, Werne

hattc, sondern kaufte bei der Peugeot-Tochter C.L.M. ein erprobtes Vierzylinder-Aggregat mit 60 PS.
Eine neue Konzernstrategie der Mutter General Motors ordnete Mitte der siebziger Jahre die Interessengebiete der europäischen Töchter neu. Opel sollte fortan der Spezialist für Entwurf und Fertigung von Personenwagen werden, während sich die Nutzfahrzeugfertigung im britischen Bedford-Werk konzentrieren sollte. Folge dieser neuen Vorgabe war die Einstellung der traditionsreichen, aber in der Endphase nicht mehr lukrativen Lastwagenproduktion bei Opel. Importierte Bedford-Lastwagen, selbst mit dem symbolträchtigen Blitz-Zeichen an der Front, konnten an die Erfolge der Vor-und Nachkriegs-Blitze nicht anknüpfen.

Opel Blitz 1,9 t der Deutschen Bundespost mit Kastenaufbau von Voll, Würzburg

Phänomen/ Robur

Phänomen-Werke Gustav Hiller AG, Zittau (1931-45)
VEB IFA Werk Phänomen, Zittau (1945-57)
VEB Robur-Werk, Zittau (1957-91)
Robur-Werke GmbH, Zittau (1991)

Ein Dreirad namens „Phänomobil" war 1907 das erste Motorfahrzeug der 1888 von Gustav Hiller gegründeten Textilmaschinen- und späteren Fahrradfabrik Phänomen. Eine luftgekühlte Zweizylinder-Maschine war oberhalb des vorderen Einzelrades montiert und trieb dieses mittels einer Kette an. Bei Lenkbewegungen schwenkte die Antriebseinheit mit. Bis 1927 wurde diese Konstruktion als Lieferwagen, aber auch als Taxi zum Personentransport mit Erfolg verkauft. Es folgten leichte Paketwagen für die Reichspost mit luftgekühlten Motoren.
Der erste Lastwagen von Phänomen erschien 1936 als 1,5 Tonner. Besonderes Kennzeichen war wiederum die „Preßluftkühlung". Ein Gebläserad auf der verlängerten Kurbelwelle ersetzte eine schwere Kühlwasseranlage. Die luftgekühlten Lastwagen mit Motorleistungen von 35, 40 und 55 PS (ab 1939 auch 60 PS) wurden unter dem Namen „Granit" verkauft. Für die Wehrmacht, vor allem für Sanitätskraftwagen, lieferte Phänomen ab 1940 den Granit 1500 S, der ab 1941 auch in einer Allradversion gebaut wurde.
Nach dem Krieg wurden die in der sowjetischen Besatzungszone liegenden Phänomen-Werke in „Volkseigentum" überführt und arbeiteten als Instandsetzungswerkstatt für die Rote Armee. Erst 1950 konnten wieder die ersten Lastwagen der Granit-Baureihe 27 die Hallen in Zittau verlassen. Luftkühlung war wieder das typische Merkmal. Auch die 1952 vorgestellten Diesel-Modelle Granit 32 verzichteten auf einen Wasserkühler. Während bislang die Optik der Phänomen-Lastwagen noch den Vorkriegsfahrzeugen entsprach, erhielten die 1953 erscheinenden Zweitonner Granit 30 K und 32 ein neues Gesicht. Aus „Granit" wurde 1956 „Garant", und 1957 wurde der traditionsreiche Markenname „Phänomen" ausgelöscht. Die Firma und damit auch die Lastwagen hießen fortan „Robur". Auch in der Bundesrepublik wurden die luftgekühlten Haubenwagen eine Zeit lang angeboten, aber nur in geringen Stückzahlen verkauft.
Der Garant wurde 1961 durch den Frontlenker LO 2500 abgelöst. Der 2,5 Tonner besaß den auf 70 PS gebrachten Vergasermotor des Vorgängers. Erst ab 1963 gab es auch die

Anzeige von 1937

Robur Garant von 1956

Robur LD 3001

Version LD 2500 mit Vierzylinder-Diesel und ebenfalls 70 PS. Die Allradfahrzeuge LO 1800 A fanden ihren Weg vor allem in die Hände der Nationalen Volksarmee. 1968 wurde die Front mit dem typischen Fischmaul geglättet. In der neuen Form kam 1973 der Dreitonner LO 3000 hinzu. Seitdem wurde die Baureihe kaum verändert. Nach und nach setzten sich die luftgekühlten Dieselmaschinen durch, und 1989 wurde sogar ein fortschrittlicher Direkteinspritzer-Diesel entwikkelt. Nach dem politischen Umbruch brachen die innerhalb des Comecon-Verbundes in Osteuropa aufgebauten Absatzmärkte des Robur-Werkes zusammen. Im Westen hingegen waren die robusten, aber technisch überholten Konstruktionen nicht konkurrenzfähig. So konnte auch eine noch 1991 unter der Typbezeichnung LD 3004 präsentierte Neuauflage mit luftgekühltem 73 PS-Deutz-Motor nichts mehr retten.

S.A.F. Gaggenau

Süddeutsche Automobilfabrik GmbH, Gaggenau (1905-10)
Benz-Werke GmbH vorm. Süddeutsche Automobilfabrik, Gaggenau (1910-11)

Gaggenau Autospritze von 1911

Anzeige von 1908

Bergmanns Industriewerke bauten neben ihrem Eisenwerk im badischen Gaggenau 1894 eine Automobilfabrik, in der sie Personenwagen unter den Namen „Orient-Expreß“ und „Liliput“ herstellten. 1905 wurde das Unternehmen in Süddeutsche Automobilfabrik umbenannt. Lastwagen und Omnibusse entstanden und wurden unter den Markennamen „S.A.F.“, „S.A.G.“ oder „Gaggenau“ in viele Teile der Welt verkauft. Die in der Regel kettengetriebenen Lastwagen waren mit Motoren zwischen 22 und 50 PS ausgestattet und konnten bis zu 6 Tonnen Nutzlast tragen. Selbst ein erster Frontlenker mit unter dem Fahrerplatz montiertem 45 PS-Motor erschien 1908.
1907 erwarb Benz das Gaggenauer

Werk. Die bisherigen Markenbezeichnungen für die Nutzfahrzeuge blieben jedoch weiterhin bestehen. Erst 1911 konzentrierte die Mannheimer Firma die gesamte Lastwagenproduktion in Gaggenau und verkaufte dann alle Produkte unter dem Namen Benz. Das badische Werk ging später im großen Daimler-Benz-Imperium auf und ist heute für die Fertigung des Unimog zuständig.

Titan

Titan GmbH, Appenweier (1977-87)
Titan Spezialfahrzeuge GmbH, Appenweier (1987-90)
Küpper-Weisser GmbH, Bräunlingen (ab 1990)

Der Spezialfahrzeughersteller Titan verkaufte 1971 seinen ersten Unterwagen für Autokrane. Nach Verlegung der Fertigungsanlagen von Berghaupten-Gengenbach nach Appenweier erweiterte sich das Programm auf Triebköpfe in Knicklenkerausführung, Terminal-Schlepper, Muldenkipper, Forstmaschinen und komplette Holzernte- und Entrindungszüge. Neben Zugmaschinen kamen später auch Flugzeugschlepper, geländegängige Hochleistungsfahrgestelle für Flugplatzfeuerwehren, Industrietransporter, Ölfeldfahrzeuge und Spezialgetränkewagen aus der Denkfabrik für spezielle technische Aufgabenstellungen.

Die erste Schwerlastzugmaschine aus Appenweier erschien 1977, ein allradgetriebener Dreiachser für eine Zuglast von 150-180 t. Der Daimler-Benz-Motor in dem Titan-Typ Z 3242 leistete 420 PS. Nochmals stärker wurde der aufgeladene Typ Z 4652 mit 525 PS. Während die meisten Titan Zugmaschinen mit Daimler-Benz-Antriebseinheiten und auch mit der Kabine der Mercedes NG-Baureihe ausgestattet waren, standen auch Ausführungen mit Motoren von MAN, Caterpillar, Cummins, MWM, MTU oder KHD zur Wahl. Dem Leistungsvermögen der Maschinen war dabei keine Grenzen gesetzt. Es gab sogar ein Projekt mit 1250 PS-MTU-Aggregat, dasselbe, das Titan auch in Löschfahrzeugfahrgestellen für den Frankfurter Flughafen verwendete. Die Haubenwagen von Titan besaßen Kabinen der MAN F 8-Baureihe. Diese wurden auch für einige Frontlenker-Zugmaschinen verwendet.

Titan Z 42.530 H 6 x 6 mit V 12-Turbodiesel von 1988

Titan Allrad-Zugmaschine mit Daimler-Benz 420 PS V 12-Diesel

Zusammen mit Kässbohrer entwickelte Titan 1985 den Großraumzug Transoptimal. Der MAN Sechszylinder-Reihenmotor mit 192 PS trieb dabei die Vorderachse an, so daß die nicht angetriebenen Hinterräder mit kleineren Felgen- und Reifendurchmessern ausgerüstet werden konnten. Bei gesetzlich vorgegebener Gesamthöhe war dies die technisch einfachste Lösung, das Laderaumvolumen zu vergrößern.
Titan ging 1987 an die Schweizer Dornier Unternehmens-Holding über. 1990 übernahm die auf Straßendienstgeräte spezialisierte Firma Küpper-Weisser die Fertigungsbereiche Schwerlastzugmaschinen und Sonderfahrzeuge. Die Rechte für die Feuerwehr- und Flughafenfahrzeuge gingen an die Eisenwerke Kaiserslautern. Die Küpper-Weisser-Palette umfaßte 1992 Zugmaschinen mit Leistungen zwischen 360 und 860 PS sowie Ölfeldfahrzeuge für bis zu 100 t Gesamtgewicht.

VW LT 45 D von 1982

Ruthmann Steiger auf VW LT 35

Volkswagen

Volkswagenwerk GmbH, Wolfsburg (1949-60)
Volkswagenwerk AG, Wolfsburg (ab 1960)

Seit der Einführung des Transporters haben die Volkswagenwerke im Nutzfahrzeugbereich konsequent eine Ein-Modell-Politik verfolgt. Seine Ver-

VW LT 45 Großraumkasten von 1988

wandtschaft zum VW Käfer konnte der „rollende Schuhkarton" nie leugnen: typisch waren das Heulen der Luftkühlung und die im Heck eingebaute Antriebseinheit. Selbst die 1981 kommenden wassergekühlten Reihendiesel und die „Wasserboxer" mit Vergaser von 1982 nahmen den traditionell vorgegebenen Platz ein.
So bedeutete es eine Sensation, als VW 1975 eine neue Transporterreihe in echter Frontlenkerbauweise vorstellte. Der wassergekühlte 2 Liter-Reihenmotor stand vorn unter dem

VW LT 40 Allrad der niederländischen Luftwaffe

Sitzbereich und trieb die Hinterräder an. Aus den anfangs vorgestellten Modellen LT 28 und LT 31 mit 1,25 t bzw. 1,5 t Nutzlast entwickelte sich in den folgenden Jahren eine ganze Familie von Leichtlastwagen bis hin zu dem für 5,5 t Gesamtgewicht zugelassenen LT 55 mit 3,4 t Nutzlast. Ab Februar 1976 bot Volkswagen auch eine Dieselversion des LT an. Es handelte sich dabei um ein im ehemaligen Hanomag-Werk hergestelltes Vierzylinder-Aggregat der englischen Firma Perkins. 1978 kam VW mit einem Diesel aus eigener Entwicklung und baute diesen Sechszylinder zunächst in die neuen Typen LT 40 und LT 45 ein. Ab 1983 konnte der LT auch mit Allradantrieb geliefert werden.

VW LT 40 Allrad als Krankenwagen der Bundeswehr

Das Styling der LT-Kabine fiel so zeitlos-schlicht aus, daß sie noch 1992 im Programm war, ohne extrem unmodern zu wirken. Auch für die Gemeinschaftsbaureihe, die VW zusammen mit MAN entwickelte und die heute bei MAN in Salzgitter vom Band läuft, fand sie Verwendung. In Brasilien wird das Fahrerhaus selbst auf schwere Fernverkehrswagen montiert.

15 t Kipplastzug mit hydraulischer Kippvorrichtung (auch für Anhänger)

Pritschenwagen mit Plane

Fäkalienwagen mit abnehmbarem Schneepflug

Ausschnitte aus einem VOMAG-Prospekt von 1929

VOMAG

Vogtländische Maschinenfabrik AG vorm. J. C. & H. Dietrich, Plauen (1915-32)
Vomag Betriebs-AG, Plauen (1932-38)
Vomag Maschinenfabrik AG, Plauen (1938-44)

Ursprünglich baute die Vogtländische Maschinenfabrik Textil- und Druckmaschinen. 1915 nahm sie zusätzlich den Lastwagenbau auf. Nach dem Ersten Weltkrieg umfaßte das Programm Drei- und Viertonner, wahlweise mit Kardan- oder Kettenantrieb. Für den Export gab es einen Sechstonner mit 60 PS. 1925 stellte Vomag einen interessanten Dreiachser vor. Die Antriebsachse des 3KA befand sich in Fahrzeugmitte, während die weiter hinten liegende dritte Achse mittels Gestänge von der Vorderachse aus zwangsgelenkt wurde. Die Motorleistungen der Vomag-Lastwagen stiegen bis auf 100 PS. Dieselmotoren nach Patenten der Österreichischen Firma Oberhänsli oder auch Deutz Einbaudiesel waren ab 1930 auf Wunsch erhältlich.
Die allgemein schwierige Wirtschaftslage und ein zersplittertes Produk-

Abnehmbarer Möbelkoffer 6 m in 10 Minuten auswechselbar gegen Pritsche oder Kipper

Staubsicherer Müllabfuhrwagen

Tankwagen

Vomag 5-6 Tonner von etwa 1935 mit 80 PS-Deutz-Diesel (Aufbau: Blumhardt, Wuppertal)

Vomag 5 C von etwa 1930 mit Möbelwagen-Aufbau von P. Bauer, Köln

tionsprogramm führten im Jahre 1932 zum Konkurs der Firma Vomag. Eine neu gegründete Betriebsgesellschaft übernahm das Unternehmen und konnte es in den folgenden Jahren wieder stabilisieren. Schwerpunkt der Lastwagenfertigung blieben die schweren Kaliber. Stärkstes Modell war der Dreiachser 8LR654 von 1938 mit 150 PS leistendem Sechszylinder-Diesel. 1939 wurde das Aussehen der schweren Vomag-Lastwagen modernisiert. Sie erhielten eine abgerundete Haube, ähnlich wie sie bei den Nachkriegswagen der Firma Krupp wieder auftauchte. Höhepunkt des Programms wurde der Neuntonner 8LR655 mit 160 PS.

Nach dem Typenbegrenzungsplan der Reichsregierung mußte Vomag die breite Produktpalette entscheidend reduzieren. Nur noch Dreitonner des Typs 3LHG mit 75 PS und 4,5 Tonner mit 100 PS verließen bis 1942 die Plauener Werkshallen. In die Fahrerhäuser mit einbezogen war die Imbert-Generatoranlage. Die Vierzylinder-Vergasermotoren waren speziell für den Holzgasbetrieb konstruiert worden, konnten aber auf bestehenden Werkzeugen aus der Dieselfertigung hergestellt werden.

In den letzten Kriegsjahren wurde das Werk voll auf den Bau von Panzern umgestellt. Nach der Kapitulation besetzten russische Truppen die weitge-

Restaurierter Vomag 3 LR 443 von 1939

Vomag 9 Tonner 8 LR 654 mit 150 PS von 1938

hend unzerstörten Anlagen und demontierten alle noch verwertbaren Maschinen. Damit endete jede Chance für eine Fortsetzung der renommierten Lastwagenproduktion. In jüngster Zeit reaktivierte der westdeutsche Busspezialist Neoplan das Werk wieder für den Fahrzeugbau. Heute entstehen in Plauen fortschrittliche Nahverkehrsbusse.

Vomag 4,5 LHG 448 mit Holzgasanlage von 1941

Weitere Hersteller von Lastwagen in Deutschland von A bis Z

Zusammengestellt nach: W. Gebhardt, Taschenbuch Deutscher Lkw-Bau, Band 1–3
G. N. Georgano, The Complete Encyclopedia of Commercial Vehicles

A. A. A.
Automobil- und Akkumulatoren-Bau GmbH für elektr. Fahrzeuge, Berlin (1919-20)
Auto- und Akkumulatorenfabrik AG, Berlin (1920-22)
AG für Akkumulatoren- und Automobilbau, Berlin (1922-26)

A. B. A. M.
Allgemeine Betriebs-AG für Motorfahrzeuge, Köln (1898-1905)

AEG
Allgemeine Elektrizitäts-Gesellschaft, Berlin (1903-05) u. (1925-42)

Ansbach
Fahrzeugfabrik Ansbach GmbH, Ansbach (1906-16)
Fahrzeugfabrik Ansbach AG, Ansbach (1916-19)
Fahrzeugfabrik Ansbach AG vorm. FAUN-Werke, Ansbach (1926-28)

Apollo
Apollo Werke AG, Apolda (1914-22)

Argus
Argus Motoren-Ges. Jeannin & Co KG, Berlin (1901-10)

Audi
Audi Automobilwerke GmbH, Zwickau (1910-39)

Bergmann
Bergmann Elektrizitätswerke AG, Berlin (1907-39)

Bickel
Bickel Tuning GmbH, Rheinau (ab 1989)

Bleichert
Bleichert Transport-Anlagen GmbH, Leipzig (1928-39)

Bickel Phoenix von 1989 mit MAN-Komponenten

B. M. F.
Berliner Motorwagen Fabrik GmbH, Berlin (1901-07) >> Eryx

Brandenburg
Kraftfahrzeugwerke Brandenburg GmbH, Brandenburg (1904-05)

Braun
Nürnberger Feuerlöschgeräte- u. Maschinenfabrik vorm. Justus Christian Braun, Nürnberg (1898-1911)
Justus Christian Braun Premier-Werke, Nürnberg (1911-13)
Nürnberger Feuerlöschgeräte-, Automobil-Lastwagen- und Fahrzeug-Fabrik, Nürnberg (1913-18) >> FAUN

Dixi 5 Tonner mit Kettenantrieb von ca. 1918

Brennabor
Gebr. Reichstein Brennabor-Werke, Brandenburg (1905-32)

Busch
Wagenbauanstalt und Waggonfabrik für Elektr. Bahnen vorm. W. C. F. Busch, Bautzen (1898-1901)
Waggon- und Maschinenfabrik AG vorm. Busch, Bautzen (1901-12)

Cudell
Cudell & Co. Motoren- u. Motorfahrzeugfabrik, Aachen (1900)
AG für Motor- u. Fahrzeugbau vorm. Cudell, Aachen (1900-02)
Cudell Motor Compagnie mbH, Aachen (1902-05)

Dinos
Dinos Automobilwerke AG, Berlin (1921-26)

Dixi
Fahrzeugfabrik Eisenach AG, Eisenach (1904-20)
Dixi-Werke AG, Eisenach (1920-28) >> BMW

Donar
Frankfurter Maschinenbau AG vorm. Pokorny & Wittekind, Frankfurt (1921-26)

Dux
Polyphon-Werke AG, Wahren bei Leipzig (1909-16)
Dux Automobilwerke AG, Wahren bei Leipzig (1916-26) >> Presto

Dux Dreitonner-Armee-Lastwagen von 1916

Eicher
Gebr. Eicher, Forstern (1963-67)

Elite
Elite Motorenwerke AG, Brand-Erbisdorf (1920-22)
Elite Werke AG, Brand-Erbisdorf (1922-27)
Elite-Diamant-Werke AG, Brand-Erbisdorf (1927-28)
Fahrzeugwerk Carl Richard & Co GmbH, Ronneburg (1928-29)

Esslingen
Maschinenfabrik Esslingen, Esslingen (1927-56)

Fafnir
Carl Schwanemeyer Aachener Stahlwarenfabrik, Aachen (1912-19)
Fafnir-Werke AG, Aachen (1919-28)

F. E. G.
Friedrich Erdmann, Gera (1904-08)

Harmening
Hermann Harmening KG, Bückeburg (1954-55)

Helios
Helios Elektricitäts AG, Köln (1903-06)

Eicher Transexpress von 1965

Flader
E. C. Flader, Johstadt (1904-10)

Freibahn
Freibahn GmbH, Seegefeld (1905-13)

Fuchs
H. Fuchs Wagenbaufabrik AG, Heidelberg (1926-29)
Fuchs Lastzug- und Schlepperbau GmbH, München (1930-32)

Gaubschat
Gaubschat Elektrowagen GmbH, Berlin (1951-55)

Geist
Ernst Heinrich Geist Electrizitäts AG, Köln (1907-08)

Goossens
Waggonfabrik J.P. Goossens, Lochner u. Co., Brand bei Aachen (1913-28)

Gottschalk
Berliner Motorwagen-Fabrik Gottschalk & Co., Berlin (1900-01) >> BMF

Hagen
Rudolf Hagen & Cie. GmbH, Köln (1902-03)

Hagen
Kölner Accumulatorenwerke Gottfried Hagen, Köln (1903-08)

Hansa
Hansa Automobil GmbH, Varel (1906-13)
Hansa Automobil AG, Varel (1913-14) >> Hansa-Lloyd

Hentschel
Berliner Maschinenfabrik Hentschel & Co., Berlin (1899-1906)

Hercules
Nürnberger Hercules-Werke AG, Nürnberg (1909-26)

H. H.
Huttis & Hardebeck Motorwagenfabrik, Aachen (1906-07)

Hille
Hille-Werke AG, Dresden (1924-26)

Horch
A. Horch & Co Motorwagenwerke AG, Zwickau (1912-32)
Auto Union AG Werk Horch, Zwickau (1932-45)

International
International Harvester Company mbH, Heidelberg (1963-66)

International Loadstar CO 1700 aus Heidelberger Produktion

Komnick 5 W Fünftonner ca. 1925

Komnick
F. Komnick Autofabrik, Elbing (1907-22)
Automobilfabrik Komnick AG, Elbing (1922-30) >> Büssing

Kramer
Kramer-Werke GmbH, Überlingen (1956-74)

Krauss-Maffei
Krauss-Maffei AG, München (1931-39)

Kühlstein
Kühlstein Wagenbau, Berlin (1898-1902) >> NAG

Ley
Rudolf Ley Maschinenfabrik AG, Arnstadt (1906-31)

Lloyd
Norddeutsche Automobil- und Motoren AG, Bremen (1906-14) >> Hansa-Lloyd
Lloyd Motoren-Werke GmbH, Bremen (1951-58)

L. U. C.
Ludwig Loeb & Co. GmbH, Berlin (1910-14)
Loeb-Werke AG, Berlin (1914-20) >> Dinos

Luders
Luders-Werk, Bremen (1930)

Lux
Lux'sche Industriewerke, Ludwigshafen (1898-1902)

L.W. D.
Lippische Werke AG, Detmold (1923-25)

Maffei
J.A. Maffei AG, München (1928-31) >> Krauss-Maffei

Mako
Norddeutsche Waggonfabrik AG, Bremen (1926)

Maurer Union
Nürnberger Motor Fahrzeug Fabrik Union GmbH, Nürnberg (1902-08)

M. M. B.
Motorfahrzeug- und Motorenfabrik Berlin AG, Berlin (1899-1902) >> Daimler

Muchow
Muchow & Co. Fahrzeug- und Gerätefabrik GmbH, Berlin (1926-31)

M.W. F.
Magdeburger Werkzeug-Maschinen-Fabrik AG, Magdeburg (1924-28)

Nacke
Automobilfabrik Emil Hermann Nacke, Coswig (1901-31)

Nordap
Nordap Kraftfahrzeuge GmbH, Ladenburg (1954-55)

Nordap 6 x 6 auf der Hannover Messe 1955

NSU
Neckarsulmer Fahrradwerke AG, Neckarsulm (1904-10)
Neckarsulmer Fahrzeugwerke AG, Neckarsulm (1910-31)

Ökonom
Rudolf Ernst, Dresden (1921-24)
Ökonom Großflächen-Wagen AG, Pirna (1924-25)
Waggon- und Maschinenbau AG, Görlitz (1925-28)

Orion
Orion-Werk, Eschwege (1954-55)

Orion WH 406 mit 88 PS Kämper-Motor

Podeus
Paul Heinrich Podeus, Wismar (1905-18)

Prengel
Karl Prengel Schwerlastwagenbau, Frankenberg (1954-55)

Presto
Presto-Werke AG, Chemnitz (1913-27) >> NAG

Protos
Siemens-Schuckert-Werke GmbH, Berlin (1912-27)

Rex-Simplex
Automobilwerk Richard & Hering AG, Ronneburg (1910-21)

Scheele
Heinrich Scheele, Köln (1899-1906)
Kölner Elektromobil-Gesellschaft Heinr. Scheele, Köln (1906-25)

Scheibler
Scheibler Motoren Industrie, Aachen (1899-1903)
Scheibler Automobil-Industrie GmbH, Aachen (1903-09) >> Mulag

Schütze
Gießerei und Maschinenfabrik Paul Schütze, Oggersheim (1900-02)

Selve
Selve Automobilwerke AG, Hameln (1920-29)

Siemens-Schuckert
Siemens-Schuckert AG, Berlin (1903-13) u. (1935-39)

Simson
Simson & Co, Suhl (1913-17)

Soest
Soest & Co, Düsseldorf (1909-11)

Stoewer
Gebr. Stoewer Fabrik für Motorfahrzeuge, Stettin (1900-16)
Stoewer-Werke AG vorm Gebr. Stoewer, Stettin (1916-27)

Sun
Kraftwagen-Gesellschaft Roland mbH, Berlin (1906-08)

Talbot
Waggonfabrik Talbot GmbH, Aachen (1937-39)

Union
Union-Werke AG, Mannheim (1914-17)

Von Lienen
Fahrzeugfabrik Emil H. von Lienen GmbH, Bochum (1951)

Wartburg
Fahrzeugfabrik Eisenach, Eisenach (1901-04) >> Dixi

Weidner
Fahrzeugwerk Weidner oHG, Schäbisch-Hall (1957)

Zyphen & Charlier
Eisenbahn- und Maschinenfabrik van der Zyphen & Charlier GmbH, Köln (1925-26)

Ich danke den folgenden Firmen und Privatpersonen, die Fotos für dieses Buch zur Verfügung stellten:

Fa. Ackermann, Kerpen – Herr Afflerbach, Netphen – Fa. Arve, Springe – Herr Bastin, Voorburg/NL – Fa. Blumhardt, Wuppertal – Fa. P. Bauer, Köln – Herr Böttcher, Krefeld – Fa. Brandt, Extertal – Bundesbahn-Direktion, Essen – Herr Buscher, Moers – Fa. Daimler-Benz, Stuttgart – Herr Davidse, Warnsveld/NL – Herr Dittmar, Oldenburg – Dortmunder Ritter Brauerei, Dortmund – Herr Dressel, Frankfurt – Fa. Eicher, Landau – Herr Eigemann, Bochum – Herr Eliasmöller, Rheda – Herr Ellinger, Fahrdorf – Fa. Ellinghaus, Beckum – Fa. Faun, Lauf – Fa. Ford, Köln – Fa. Freudenau, Bielefeld – Germania-Brauerei, Münster – Fa. Haller, Stuttgart – Fa. Iveco, Ulm – Fa. Kässbohrer, Ulm – Herr Lintelmann, Espelkamp – Fa. MAN Historisches Archiv, München – Fa. Meiller, München – Fa. Miesen, Bonn – Fa. Moldenhauer, Recklinghausen – Herr Molitor, Dortmund – Fa. Niermann, Bentheim-Gildehaus – Fa. Opel, Rüsselsheim – Herr Pairan, Neunkirchen – Herr Podszun, Brilon – Fa. Rose, Dortmund – Fa. Ruthmann, Gescher – Fa. Schmitz, Altenberge/Horstmar – Fa. Schölch, Kassel – Fa. Schörling, Hannover – Herr Schubert, Nürnberg – Fa. Spermann, Werne – Stadtwerke Bielefeld – Fa. Strecker, Dortmund – Fa. Strüver, Hamburg – Fa. Teha, Düsseldorf – Fa. Thiele, Bremen – Herr Totzkowski, Solingen – Fa. Vöcking, Ahaus – Fa. Volkswagen, Wolfsburg – Herr Wallast, Nieuwerkerk/NL – Fa. Warneke, Laatzen – Fa. WEKA, Wiedenbrück

Vom selben Autor sind im Podszun-Verlag erschienen:

Echter Leineneinband
200 Seiten, 400 Abbild.
ISBN 3-923448-18-X

Echter Leineneinband
328 Seiten, 600 Abbild.
ISBN 3-923448-28-7

Echter Leineneinband
328 Seiten, 600 Abbild.
ISBN 3-923448-51-1

Echter Leineneinband
208 Seiten, 400 Abbild.
ISBN 3-923448-68-6

Echter Leineneinband
256 Seiten, 500 Abbild.
ISBN 3-923448-80-5